大型水电工程资金支付风险及其传播特性研究

陈云　晋良海　著

中国水利水电出版社
www.waterpub.com.cn
·北京·

内 容 提 要

本书针对大型水电工程施工不确定性大、专业包含广、技术难度高、涉及参与方多等特点，面向其资金支付风险及其传播特性的关键问题，通过剖析工程变更下资金流价值特征，分析了大型水电工程资金流运动的系统动力学特性；解析了资金流入与流出不确定性，建立了大型水电工程资金支付风险测度模型；构建了工程风险传播网络，通过分析其结构特征揭示了支付风险内部传播特性；以利益相关方为节点、交易关系为边构建交易关系网络，考虑利益相关方之间的协商博弈特征，构建了基于工程交易关系网络的支付风险传播模型；基于交易关系网络、工程风险传播网络以及工程进度网络，构建组织—工序耦联网络，建立了基于多层异质耦联网络的支付风险传播模型；最后提出了一种逐时段逆向调节演算的施工项目资金流优化方法。

本书特点在于提出了大型水电工程资金流入与流出的双重不确定性表征方法，为更加准确刻画大型水电工程资金流风险提供了技术方法，耦合了交易关系网络、工程风险传播网络以及工程进度网络，建立了大型水电工程多层耦联异质网络，量化了支付风险由组织网络至工序网络的跨网传播过程，克服了以往工程成本与进度联合研究难以适应施工不确定性和动态性的不足，揭示了资金流风险传播的工程特性。

图书在版编目（CIP）数据

大型水电工程资金支付风险及其传播特性研究 / 陈云，晋良海著. -- 北京：中国水利水电出版社，2024.6. -- ISBN 978-7-5226-2623-9

Ⅰ. TV512

中国国家版本馆CIP数据核字第2024MJ1484号

书　　名	**大型水电工程资金支付风险及其传播特性研究** DAXING SHUIDIAN GONGCHENG ZIJIN ZHIFU FENGXIAN JI QI CHUANBO TEXING YANJIU
作　　者	陈　云　晋良海　著
出版发行	中国水利水电出版社 （北京市海淀区玉渊潭南路1号D座　100038） 网址：www.waterpub.com.cn E - mail：sales@mwr.gov.cn 电话：（010）68545888（营销中心）
经　　售	北京科水图书销售有限公司 电话：（010）68545874、63202643 全国各地新华书店和相关出版物销售网点
排　　版	中国水利水电出版社微机排版中心
印　　刷	北京中献拓方科技发展有限公司
规　　格	184mm×260mm　16开本　9.25印张　225千字
版　　次	2024年6月第1版　2024年6月第1次印刷
印　　数	001—500册
定　　价	**78.00**元

前　言

　　大型水电工程建设期长，投资规模大，进度款支付贯穿工程建设的整个生命周期，是建设合同执行的关键环节，对工程顺利进行起着至关重要的作用。然而，由于大型水电工程施工不确定性大、专业包含广、技术难度高、涉及参与方多等特点，给进度款支付管理提出了严峻挑战。更重要的是一旦支付风险发生并开始发展，会波及大量参与方，容易造成施工现场大面积停工，极易引发严重的进度风险。风险不确定性包括自身及其传播的不确定性，本书重点针对大型水电工程进度款支付风险及其传播特性的关键问题，从进度款支付风险测度、工程承包主体内部的风险传播、工程多主体之间的风险传播以及工程进度影响等方面逐步递进展开研究，为大型复杂工程的成本风险控制提供重要理论基础。

　　本书共包括9章：第1章主要介绍大型水电工程资金流支付的特点，支付风险诱发的原因，以及支付风险传播扩散的后果，结合国内外研究综述，阐明研究大型水电工程资金流支付风险传播的工程意义与理论意义。第2章分析工程变更下资金流价值运动演变特征，综合运用 Monte Carlo 模拟方法与系统动力学理论，建立资金流价值运动的系统仿真模型。第3章从资金流出和流入两个方面，表征资金流出与资金流入不确定性，运用 Monte Carlo 模拟仿真技术，建立大型水电工程进度款支付风险测度模型。第4章以工程承包主体为研究对象，收集、整理、分析大量水电工程承包商成本管理的历史案例，提取风险因素与风险传播路径，构建工程风险传播网络，通过分析其结构特征，揭示风险传播特性。结合贝叶斯网络、模糊集理论，建立支付风险对承包商的影响评估模型。第5章收集工程利益相关方、交易关系及其金额，以利益相关方为节点、交易关系为边构建交易关系网络。分析利益相关方风险传播行为、状态变化以及相互影响，量化工程多方之间的支付风险传播过程，构建基于工程交易关系网络的支付风险传播模型。第6章提取利益相关方之间的工程交易关系，构建工程支付交易关系网络，刻画利益相关方分担风险的博弈行为，解析两方协商博弈下的风险传播衰减效应，结合多方交易关系，对交叉合作方的传播风险进行融合，建立利益相关方的经济状态转化函数，构建资金风险网络传播模型。第7章构建组织—工序耦联网络，分析支付风险由组织网络传播至工序网络的多重不确定性，建立基于耦联网络的支付风险传播模型，评估支付风险传播对工程进度风险的影响。第8章考虑施工项目的人、材、机施工计划以及施工单位的支付意愿，实现资金供给过程优化的目标，开发施工项目资金流的逆向调节演算算法，为项目资金流计划、控制、调整优化、风险控制等管理决策活动提供参考依据。第9章总结全书研究结果，并提出未来研究展望。

本书主要由陈云、晋良海撰写，尹岳龙、李佳炘、聂本武等也为本书付出了辛勤的劳动。本书相关内容的研究得到了国家自然科学基金项目（52209163）、教育部人文社会科学规划基金项目（21YJA630038）、湖北省教育厅哲学社会科学研究项目（重点项目）（23D054）的支持。

由于理论技术发展的阶段性和局限性，以及作者的学识与水平有限，书中疏漏和不足在所难免，恳请读者批评指正。

编者

2024 年 4 月

目 录

第1章 绪 论

1.1 研 究 背 景

目前随着人口和工业的增长，全球对电力的需求不断增加，但化石能源发电会产生大量温室气体，导致全球变暖。为了保护环境，可再生清洁能源发电越来越受到各国欢迎（Das et al.，2011；Mahmud et al.，2019）。我国也正在不断推进可再生能源发展，根据《能源生产和消费革命战略（2016—2030）》（以下简称《战略》）与党的十九大报告要求，未来"十四五"期间我国可再生能源开发将持续增长。水电以清洁、灵活、稳定的优势成了最主要的可再生能源之一，为保障能源供应发挥着重要作用。"十三五"时期，我国以西南地区为重心，以重大项目为重点，积极推进了大型水电基地开发。《战略》同时提出未来在生态优先前提下将继续积极有序地推进大型水电基地建设，而且随着"一带一路"的倡议与深化，我国大型水电工程业务正在逐渐向国外拓展，国内外部分在建和已建的大型水电工程见表1-1。

表1-1　　　部分国内大型水电工程与我国承建的部分国外大型水电工程

序号	工程名称	工程规模	总库容/亿 m³	装机容量/MW	投资金额	建设期（年）
1	三峡工程	大（1）型	393	2240	1352.66 亿人民币	1993—2012
2	向家坝水电站	大（1）型	51.63	775	434.00 亿人民币	2006—2015
3	溪洛渡水电站	大（1）型	128	1386	792.00 亿人民币	2005—2014
4	白鹤滩水电站	大（1）型	206.27	1600	1430.70 亿人民币	2011—2022
5	乌东德水电站	大（1）型	76	1020	967.00 亿人民币	2012—2020
6	卡洛特水电站	大（2）型	1.52	720	16.50 亿美元	2015—2020
7	吉布3水电站	大（1）型	90	1870	18.00 亿美元	2011—2016
8	巴贡水电站	大（1）型	440	2400	中国承建金额4.70 亿美元	1996—2010

资金支付贯穿工程建设的整个生命周期，是建设合同执行的关键重要环节，特别是施工阶段，建设资金投入量大，管理困难，业主能否按期按量向承包商支付工程进度款，各承包商能否合理使用工程进度款，是整个工程顺利完工的关键（张萍，2011）。大型水电工程不仅资金量大且项目资金组成较为复杂，一般涉及中央财政资金、地方财政资金、银团贷款以及自有资金等多个来源（乔祥利 等，2013）。根据不同的合同形式，工程进度款

按照完成工程量或工程形象支付。但水电工程建设受自然环境、水文气候条件等客观因素影响和制约，设计变更多且频繁，实际进度与计划进度时常出现偏差，导致实际支付难以与支付计划相吻合。实际中往往是资金计划赶不上工程变化，工程进度款的使用经常不能满足工程进展的需要。另外，大型水电工程建设期长，建筑物类型丰富，技术复杂且涉及专业广泛，不仅包括挡水、泄洪、引水、发电、航运等主要建筑工程，同时也涉及交通、房屋建筑、供电供水等辅助性工程。因此，需要大量具有不同专业背景的参与方参与，例如，仅一个隧洞工程便包括土石方开挖、混凝土施工、钢筋制安、锚杆锚索、灌浆等工序活动，一个承包商需要管理多个专业劳务分包商。由此可见，大型水电工程建设特点对业主和承包商的资金支付管理水平均提出了巨大挑战。

财政性资金或银团贷款资金注入项目后，资金监管机构和相关制度难以细致、透明地监督资金的使用情况，项目资金使用存在较大的不确定性（乔祥利 等，2013）。目前的建筑市场是买方市场，发包商与承包商地位不平等，虽然计量和结算资料由承包商上报，但最终进度款的支付金额由发包商决定，承包商的项目资金流入依赖于发包商，受发包商主观支付行为影响。另外，由于急于中标、缺少施工期间资金管理经验或资金管控意识淡薄，加之大型水电工程施工过程复杂，设计变更多，工程量变化大，且过长的施工工期，导致工程单价难以在投标时准确预测（乔祥利 等，2013）。因此，对于大型水电工程承包商而言，业主支付的资金流入和施工过程中支付人材机费用的资金流出均具有较大不确定性。当项目资金流出与资金流入失衡严重，导致负净资金流超过承包商自身财务承受能力，支付风险发生。过高的支付风险会影响项目执行力，进而拖延工程进度。相比于其他工程，由于存在汛期问题，大型水电工程资金支付风险发生后的影响更加严重。例如：江坪河水电站 2005 年开工后，原计划应在 2010 年实现首台机组发电，2013 年竣工，但是，2011 年由于业主资金问题，导致施工现场大量承包商无法收回工程进度款，纷纷停工，工程进度滞后十分严重。

大型水电工程一般由国家和大型企业投资建设。近年来，为了规范国家投资项目的及时付款行为，国家相关部门分别出台了《政府投资条例》（国务院，2019）、《及时支付中小企业款项管理办法（征求意见稿）》（工业和信息化部政策法规司，2019）等规定，而且我国施工企业的管理水平也逐渐提高，国内大型水电工程资金支付风险略有减弱。但是，国际水电工程资金支付管理问题仍然极具挑战，不仅支付流程与国内大有不同，还受到政治、宗教、汇率、文化、语言、税法、经济形势、世行贷款手续、施工队伍素质等诸多因素影响，进一步加大了资金支付风险（李伟，2012）。例如，位于阿根廷南部地区的基什内尔—塞佩尼克水电站项目是阿根廷最大的水电工程，由阿根廷和中国葛洲坝集团组成的联合体承担建设任务。2015 年项目开工后不久阿根廷国家内部政治变动，新一届政府上台，对水电站合同提出重新审议并暂停支付，受资金和成本限制，中阿联营体被迫停工。2016 年复工后阿根廷方提出"基塞"项目重大合同变更，工期从原来的 66 个月延长到 88 个月，合同金额增加了近 100 亿元人民币。而且，复工后不久，项目又受到阿根廷环保组织的抗议，于 2016 年底第二次停工，直到 2017 年 10 月才再次复工。综上所述，相比于其他工程，承包建设大型水电工程，特别是国际水电工程，具有较高的资金支付风险。因此，对大型水电工程资金支付风险展开研究十分必要。

1.2 研 究 意 义

大型水电工程建设涉及大量利益相关方，利益相关方一般不愿承担风险，资金支付风险触发后，他们会采取少付或延期支付的方式将自身需要承担的风险转移给其他利益相关方（Lee et al.，2012）。为了自身利益最大化和损失最小化，支付风险会被继续传播，一旦风险发生并开始发展，将从一个利益相关方传播到另一个利益相关方，某一方的资金问题将演化为整个工程的资金问题（Scholnick et al.，2013）。特别是当资金链上游的业主或者总承包商触发支付风险后，位于资金链下游的利益相关方一般风险承受能力较弱，极有可能造成承包项目亏损，严重时会导致企业破产（Andalib et al.，2018）。而且资金链下游参与方是工序活动的直接执行主体，当这些利益相关方出现亏损时会引发施工现场停工，严重影响工程效益与当地经济效益（郝生跃 等，2005）。深入研究这种资金支付风险的传播与后果影响是提前预防和及时控制支付风险的重要前提。不仅能为有效配置和利用施工资源提供有效措施，避免承包商、分包商、供应商等工程执行者的经济损失，保障其承包项目效益；也能为大型水电工程投资方资金支付决策行为的风险分析、投融资方向和方案决策的及时调整、项目管理优化和工期风险控制提供重要依据；更对保证工程效益和当地经济效益具有十分重要的现实意义。

大型水电工程属于复杂系统，目前国内外工程资金支付研究难以适用于大型复杂系统工程，具体体现在：大型水电工程建设过程不确定性大、随机性高、参与主体多且偏好不一致，以往研究较少同时考虑参与主体的支付不确定性和成本支出不确定性，相比于国外，国内的工程资金支付在定量、不确定性研究方面有所欠缺；而且，大型水电工程工序活动繁多，参与主体合作交易关系复杂，这为支付风险提供了传播路径，扩大了风险的负面影响，如果不能及时控制这种风险传播效应，有可能出现极为严重的经济损失。目前对大型复杂工程资金支付风险传播研究较少，无法制定针对性的风险传播控制措施；另外，目前国内外研究大多通过建立工程支付与工程进度的联合优化模型制定资金支付计划，但该类方法较难适用于工期长且施工不确定性大的大型水电工程，难以实现实时调整工程资金支付方案。因此，有必要在充分考虑大型水电工程施工特点的基础上，科学分析、表征、计算大型水电工程支付风险，拟定科学的工程支付资金流量化方法，分析支付风险传播特性，探索对工程参与方和工程目标的影响。不仅对丰富工程支付研究领域和大型复杂工程风险传播控制领域具有重要的理论价值，更是后期探索支付风险控制方法和制定科学成本管理方案的关键理论基础。

1.3 国内外研究现状

1.3.1 工程支付预测研究

对于工程投资方，充足的资金是项目顺利实施的重要保障。大型工程建设期长、投入资金量大、影响因素多，资金投入安排不合理会直接影响工程效益。对于工程承包商，充足的资金是支付人工费、购买材料、租赁机械的重要来源，若出现发包商延期支付、资金管理不到位、资源配置不合理等风险，极有可能造成承包项目亏损，甚至诱发企业破产。因此，国内外学者对工程支付展开大量研究工作。

工程支付研究主要分为两大类：确定性支付研究和不确定性支付研究。不确定性支付是在确定性支付的基础上，考虑工程利益相关方的支付行为偏好、市场波动、施工环境变化等各种不确定性因素，运用模拟仿真、模糊理论等描述不确定性的方法，研究合理支付工程进度款。两种研究方法均可以对工程资金支付进行预测、分析、评估，能够为工程业主的资金管理、工程承包商的项目投标决策和施工成本管理提供理论依据。

利用 CiteSpace 软件对国际和国内工程支付研究关键词进行对比分析，国际文献数据库基于 Web of Science 核心库，进行检索主题词为 "cash flow" ＋ "project" 和 "payment" ＋ "engineering" 的两次检索，以保证文献检索结果的完整性。国内文献数据库基于知网 CNKI 的 SCI、EI、CSCD 期刊数据库，进行检索主题词为 "支付" ＋ "项目" "资金流" ＋ "项目" "现金流" ＋ "项目" 的三次检索。国际研究与国内研究的热点词趋势对比分析，如图 1-1 所示。由图 1-1 可知，国际研究以建立数学模型为核心，国内研究仅部分基于数学模型。相比于国外而言，国内研究的工程资金支付研究较为欠缺，主要以介绍性、经验性、理论分析内容为主，缺少定量分析方法和模型，特别是不确定性支付研究方面。

1.3.1.1 确定性工程支付的经典模型

早期的工程支付研究主要是运用 S 曲线模型（Standard curve，S-curve）和成本进度联合技术（Cost-Schedule Integration，CSI），S 曲线模型是基于历史案例数据，对其进行拟合并获得拟合函数，将其应用于项目资金流预测；CSI 技术是将工程支付与进度联合考虑（该技术将在第 1.3.1.3 小节中介绍）。S 曲线模型能够直观地反映成本与时间的关系，通过对比实际累计资金流曲线与计划累计资金流曲线，实时分析工程项目的资金情况。20 世纪 70 年代初，随着高利率和财务管理的进一步升值，承包商和业主的资金流预测研究激增，特别是建筑业主（主要是公共机构）投入了大量研究资金，更多学者致力于业主资金流预测，S 曲线模型得到了广泛应用。Bromilow 等在 1974 年首次提出了累计资金流 S 曲线（Tucker，1986）。Balkau（1975）在经验公式中推导出 Bromilow 和 Henderson S 曲线，用于预测累积现金流。Tucker（1984）将韦伯函数与线性增加函数进行组合，提出了一种新形式的 Bromilow S 曲线，用于工程全寿命周期成本预估。Tucker（1986）随后发现随着不同工程成本数据的增多，S 曲线的类型也随之增加，因此，Tucker 将可靠性理论中的失效概率与施工期间的支付概率进行类比分析，提出了一种量化施工期间可能资金流的一般方法。Ashley et al.（1977）提出了资金流预估分析方法，采用线性不平衡规则模拟提前支付对资金流的影响，计算出资金流的净利润和净现值，为工程承包商的投标决策提供了理论参考；另外，为了减少模型计算的工作量和提高模型的适用性，开发了一款计算机程序。Peer（1982）运用多项式回归分析和四个项目的历史数据，设计了一个标准曲线，预测每月住房和公共建筑的资金流。由于工程具有独特性和唯一性的特征，历史成本数据具有较大的差异性，而且根据历史数据得到的资金流预测模型能否运用于新工程需要进一步探索。因此，Kenley et al.（1989）考虑了工程独特性，提出了一种基于 Logit 方法的资金流模型，该模型虽然也利用了历史成本数据，但通过产生两个参数来描述每个单独的项目，考虑了工程独特性。此后，Kenley（1999）进一步完善了工程独特性概念，运用回归分析和历史数据，设计了一个具体的成本流模型。

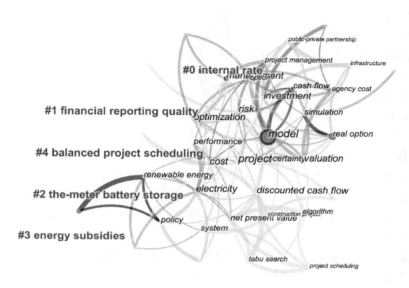

（a）工程支付的国际研究热点词

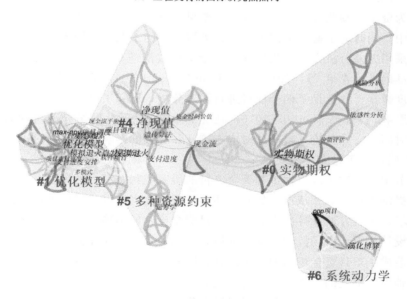

（b）工程支付的国内研究热点词

图 1-1 工程支付的国际研究与国内研究热点词对比

学者们在传统 S 曲线模型的基础上提出了各种改进模型，使资金流预测精度不断增加。为了承包商能够在投标阶段有限时间内预测项目资金流，Kaka et al.（1993）在分析

S 曲线模型精确性的基础上，提出了一种更快捷、更简单的成本保证模型，该方法适用于缺少合适标准值拟合曲线的情况。此后，Kaka（2003）进一步设计了公司级的成本流预测模型，考虑了预测时已知和未知的单个项目。虽然 S 曲线模型经过大量学者的改进已经可以精确预测不同特性的项目资金流，但投标阶段合同类型的不确定性为模型预测带来了一定困难。因此，Chen（2007）将项目独特性预测和合同类型预测纳入施工企业资金流出预测模型中，基于宏观经济和内部财务数据，分析公司层面的资金流出，提出了一种适应企业特征的资金流出估计模型，克服了 S 曲线模型无法考虑企业自有特征和合同类型预测的缺陷。在此之后，Chen（2011）调查了 42 家中国台湾建筑承包公司，系统量化了建筑供应链资金流绩效对承包商财务绩效的影响，揭示了合同执行过程中项目业主、项目承包商、分包商以及供应商的支付行为模式。Park et al.（2005）针对总承包商施工阶段，充分考虑工程施工过程中各项不确定因素导致的成本组成权重变化和实付工程款的时间差，提高了资金流预测模型的精确性。吴和成等（2009）利用专业投资人士的经验，结合区间值估计方法，提出了基于专家经验的项目未来净资金流估计方法。Chao（2009）利用神经网络和多项函数估测了施工初期 S 曲线；随后采用案例推理方法，结合拟合 S 曲线的历史案例，提出了与实际进度匹配的施工后期 S 曲线估计方法，并将两种 S 曲线估计方法相结合，估计了施工全过程的 S 曲线（Chao et al.，2010）。在工程建设过程中，各种因素影响下的资金流具备动态特性，为了保证资金流预测的精确性，各种支付条件应该尽量包含在资金流预测中，Cui et al.（2010）详细分析了各因素对资金流之间的相互影响关系，揭示了外部约束机制、工序活动与资金流管理的互馈机制，建立了资金流管理系统动力学模型，为资金流预测提供了交互管理。李果等（2011）将 S 曲线模型运用于水利工程资金流预测中；同时为了避免不同工程项目类型、不同工期、不同支付方式等对 S 曲线形状的影响，采用方差分析方法对收集到的资金支付数据进行分类，从而获取多种 S 曲线，以提高预测准确性（李果 等，2010）。Al-Joburi et al.（2012）调查了迪拜地区 40 个项目的财务和进度数据，并选择了四个项目进行深入分析，研究了负现金流趋势和模式及其对施工绩效的影响。Tabyang et al.（2016）在资金流模型中加入了分包商付款请求与总包商实际付款的时间差，并分析了时间差对成本透支和融资的影响。

1.3.1.2 不确定性工程支付研究

上一小节主要综述了确定性工程资金支付的研究现状，其目的主要在于为项目未来资金支付预测提供理论基础和依据。然而，实际工程资金支付过程受多种因素影响，业主自身、外界环境、第三方监管等因素导致了项目资金流入的不确定性；大型水电工程施工过程复杂性、设计变更、市场波动、国际环境、承包商资金运作能力、合同管理能力、履约能力等因素造成了项目资金流出的不确定性。因此，除了确定性资金支付研究外，学者们也关注着各种因素引发的不确定性支付研究。

在 1983 年 Asbjørnsen 便提出了利用概率分布和 Monte Carlo 仿真方法分析随机性资金流。雷军华等（1999）针对国际承包工程中可能遇到的资金风险因素，提出了国际工程承包资金风险评价模型，并结合计算机仿真技术对资金流进行风险仿真，为国际承包商资金风险管理提供决策依据。Han et al.（2014）将影响海外项目资金流的风险因素分为两类：一类是外部经济环境风险，例如汇率、成本超支、利润率等，通过概率算法进行量化；另一类是项目特定风险，例如地理条件、天气气候变化以及物资运输条件等，通过效用函数表征公司独特风险感知和风险暴露阈值。Wibowo et al.（2005）对印度尼西亚的收费公路建设资金风险进行了分析，首先识别了影响印度尼西亚项目的主要资金风险，包括：项目本身风险、行业风险以及国家风险，然后运用超拉丁抽样法模拟仿真风险因素对建设资金的影响。Hwee et al.（2002）探索了持续时间风险、超过/低于监测风险、变动风险和材料成本差异等五种风险因素对项目资金流的影响，并提出了一种资金流自动计算模型，分析了风险因素对资金流的影响。Akcay et al.（2017）识别了影响水电工程投资的风险因素，评估了风险因素对资金流的影响，通过 Monte Carlo 模拟计算水电工程投资净现值。El Razek et al.（2014）利用概率 S 曲线代替传统 S 曲线，并通过大量问卷调查咨询影响资金流的风险因素，开发了一种用于生成概率性 S 曲线的仿真程序。Sauvageau et al.（2018）针对矿业项目的市场风险影响，采用 Monte Carlo 仿真模拟市场价格随机性，评估了市场风险影响下的矿业项目资金流风险大小。

在众多影响工程资金流的风险因素中，施工进度的随机性是与工程支付关联最为密切的因素之一。Hsu（2004）提出应充分考虑影响资金风险的施工进度随机性因素，强调了利用仿真技术计算资金风险的重要性，建立了一个两阶段模型，量化了项目在不确定建设工期下的工程支付风险。Lee et al.（2011）充分考虑了施工进度不确定性所导致的资金流不确定性，开发了一款随机项目施工资金分析系统，充分利用关键线路 CPM 法抽取施工进度信息，拟合活动持续时间概率分布，仿真各工序施工进度，并计算随机性项目资金流。苏宁等（2003）运用概率法研究了不确定资金流相互独立情况下的期望净现值，同时也计算了不同支付阶段不确定资金流相互关联的期望净现值。Hawas et al.（2014）探索了随机性资金流相关性对净现值和内部收益率的影响，研究发现即使是具有高度相关性的资金流对净现值和内部收益率的影响也较小，因此，在计算净现值和内部收益率是可以假定资金流相互独立。以上大部分研究主要关注于由施工进度诱发的资金流出不确定性，较少考虑发包商支付行为不确定性导致的资金流入不确定性，Andalib et al.（2018）利用概率分布表征业主支付行为的不确定性，提出了一种考虑资金流入随机性的项目资金流计算方法，为承包商投标决策提供理论依据。

以上研究针对各种风险因素影响下项目资金不确定性分析，充分运用概率统计方法，结合计算机模拟仿真技术，更加精确的评估工程资金支付风险。除了风险因素导致的工程支付风险随机性外，一些风险因素影响无法给出合适的概率分布，加之一些工程数据难以收集，缺少充足的历史案例数据，无法有效使用统计概率法。模糊理论能够用于描述高度复杂、定义不清或难于分析的研究对象（Cheng et al.，2009），而且，该理论重点依赖于专家经验，适用于缺少知识数据的不确定分析。基于此，Boussabaine et al.（1999）首次利用模糊技术提高了资金流分析的有效性，填补了以往研究仅利用统计概率方法分析资金流的研究空白。Maravas et al.（2012）利用模糊理论处理施工进度开始时间和完成时间，将模糊进度与成本相整合用于生成模糊资金流，并提出了一种新的 S 曲线方法。Salari et al.（2014）利用模糊理论拓展了赢得值法，使得项目管理人员能够在不确定的施工环境下更好地管理项目进度和资金。Cheng et al.（2009）利用模糊理论处理资金流管理过程中的不确定性，综合遗传算法、神经网络以及 k 均值聚类方法，提出了一种资金流人工智能管理算法，用于预测资金流和制定资金流控制策略。随后，Cheng（2010）将传统神经网络与高阶神经网络相结合提出了混合神经网络，再结合遗传算法、模糊理论，提出了新的资金流管理方法-演化模糊混合神经网络算法。Yu et al.（2017）对模糊环境下工序活动重叠的项目现金流和资金透支需求进行风险分析，采用基于模糊 DSM 的调度方法，提出了一种计算不同风险水平下资金流和透支风险的算法。Mohagheghi et al.（2017）建立了基于区间 2 型模糊项目调度的资金流分析模型，用于预测项目生命周期不同阶段的现金流和解决缺少充足案例数据的不确定性分析。

1.3.1.3　实际工程运用与发展

鉴于工程的独特性，不同的工程适用于不同的合同支付方式，而不同的合同支付方式决定了业主和承包商之间的风险分担。业主应根据项目和企业具体情况确定合适的合同支付方式，降低工程成本，减少变更索赔，提高项目执行效率。承包商投标之前应充分考虑合同支付方式对自身的影响，理性决策投标项目。双方在签订合同之前，更应针对合同支付方式展开全面协商。隋海鑫（2008）通过建立总价合同、单价合同、成本加酬金合同和目标成本等四种合同支付模式的数学对比模型，分析得出四种合同支付模式的适用条件以及需要考虑的风险因素。张敏（2010）将资金时间价值引入工程投资中，建立基于资金时间价值的工程项目支付数学模型，对比分析一次性支付、按阶段支付、按月累计支付等三种支付模式，从业主角度提出了不同支付模式下有效控制项目投资的建议。黄元生等（2008）运用资金时间价值理论对建设过程的资金投入进行了重新安排，将资金占比较大的子项目安排在中后期执行，降低建设期贷款利息和建设资金压力，给予业主更多融资时间。陈勇强等（2011）研究了不同合同支付方式对工程成本超支的影响，发现总价合同的成本超支率低于单价合同，但变更成本较高。张前进（2016）以工程总承包模式下合同款支付问题为研究对象，通过专家调研确定影响工程总承包项目合同款支付的关键影响因素，研究结果发现按照合同约定按期按量支付资金的项目仅占调查总量的 33%，而导致合同款支付问题的主要因素为无法索赔、不可抗力、工期延误、合同条款等。此后，郑江飞（2019）针对工程总承包商项目里程碑支付模式，运用层次分析法确定里程碑节点数量，基于 WBS 方法给出了工程总承包项目里程碑支付节点划分。

为了规范工程合同执行过程中资金使用，避免私自挪用、乱用资金、拖欠资金等不良行为发生，严玲等（2003）提出了政府投资项目资金支付控制方法，并制定了政府投资项目变更控制程序。郝生跃等（2005）在分析我国拖欠工程款问题基础上，为政府提供了多方面的解决对策。钟骞（2006）通过查阅大量资料，充分了解工程垫资承包的原因，对国外和国内垫资施工的案例进行对比和总结，提出了建设单位向承包商开展债务融资的方式代替垫资承包，同时建立了资金支付担保体制。范宁宁（2013）考虑了拖欠工程款的危害传递机制，构建了业主和承包商之间、承包商和分包商之间、分包商和施工工人之间等工程支付双方博弈模型，针对不同主体提出了解决拖欠工程款的对策机制。戴若林等（2008）进一步分析了工程参与主体的支付行为演化特征，通过建立演化博弈模型，给出了有利于双方支付行为的稳定策略。Abdul-Rahman et al.（2013）通过调查 1000 个马来西亚承包商，确定了导致延期支付的潜在原因，发现业主资金管理能力不足诱发的资金流问题是最显著的风险，并提出解决该风险的办法是在投标前充分调查业主的财务状况。Enshassi et al. (2015) 通过问卷调查咨询了大量加沙地区分包商关于导致延期支付的原因，结果表明分包商与总包商之间争议协商消耗了时间，分包商面临最多的是变更费用延期支付，最好的解决办法是在合同条款中加入仲裁条款。

当工程资金依据工程量进行支付时，工程项目实施过程中存在大量工程数据需要处理，特别是大型工程，计量项目繁多，而且存在一定数量的工程变更，人工计量十分困难。叶智锐等（2003）利用数据库技术，开发了高速公路建设计量支付管理系统，极大地提高了工程计量支付的管理效率。徐进（2002）在分析工程项目结算支付程序的基础上，全面总结出了多种中期工程款结算以及竣工结算方式，采用信息处理技术 Delphi 6.0 和 SQL Server 2000，开发了工程项目结算与支付系统，实现了动态、规范、快捷控制资金流。熊开智等（2009）为了适应水电工程建设进度的动态变化，开发了锦屏二级水电工程动态支付管理系统，用于控制工程参与方的合同风险。随着 BIM 技术的广泛运用，Lu et al. (2016) 考虑了不同合同类型中资金流入的质保金扣留与人机材费用的资金流出，提出了基于 5D BIM 的项目资金流和成本分析框架，以达到精确、快速、直观分析项目资金流的目的。Elghaish et al. (2019) 将 BIM 资金流模型模型进一步精细化到了工序活动单位。

1.3.2　工程支付规划研究

基于工程支付预测研究的文献回顾，利用 CiteSpace 软件，对比工程支付预测的国内外研究，如图 1-2 所示。由图 1-2 可知，国际与国内均是由资金流独立研究向资金流与工程进度联合研究演进，主要是因为资金支付与工程进度紧密相关。因此，本节将重点综述分析工程支付与工程进度的联合规划研究。

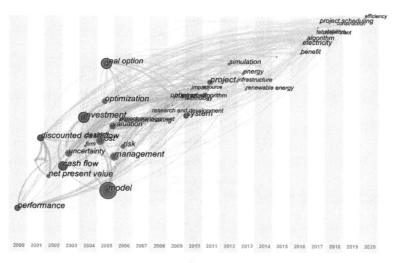

（a）工程支付的国际研究热点词演进趋势

图 1-2（一）　工程支付的国际与国内研究热点词演进趋势对比

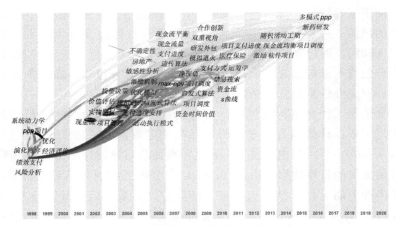

（b）工程支付的国内研究热点词演进趋势

图 1-2（二）　工程支付的国际与国内研究热点词演进趋势对比

利用 CiteSpace 软件，结合 Web of Science 核心数据库和知网 CNKI 期刊数据库，分析工程支付进度规划热点词及其演进趋势，并对比分析国际与国内研究。Web of Science 核心数据库的检索主题词为"payment"＋"schedule"，知网期刊数据库选择 SCI、EI、CSCD，检索主题词为"支付"＋"进度"。工程支付进度的国际与国内研究热点词对比如图 1-3 所示，其演进趋势对比如图 1-4 所示。

由热点词分析可知，国际与国内的研究基本保持一致，均是通过建立工程支付进度的数学规划模型，利用净现值（Net present value）表示主要目标函数，再运用智能算法进

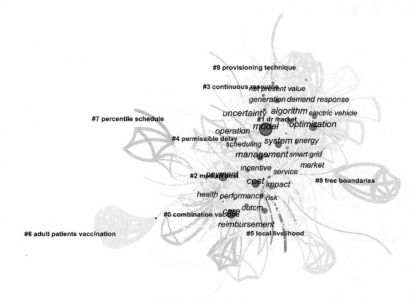

（a）工程支付进度的国际研究热点词

图 1-3（一）　工程支付进度的国际与国内研究热点词对比

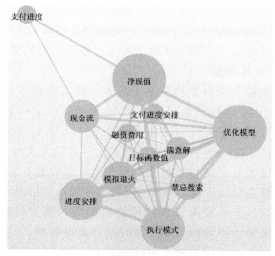

（b）工程支付进度的国内研究热点词

图 1-3（二） 工程支付进度的国际与国内研究热点词对比

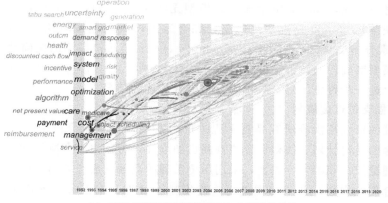

（a）工程支付进度的国际研究热点词演进趋势

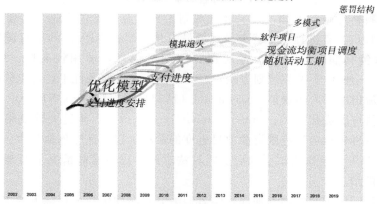

（b）工程支付进度的国内研究热点词演进趋势

图 1-4 工程支付进度的国际与国内研究热点词演进趋势对比

行模型求解以获取最优的支付进度安排，所以热点词集中于模型（Model）、净现值（Net present value）、算法（Algorithm）等。通过热点词演进趋势分析可知，国际与国内研究也基本保持一致，均向考虑施工不确定性的工程支付进度研究趋势演进。

1.3.2.1　考虑进度的资金流预测

大量资金流支付预测和分析模型均是基于成本—进度联合方法（Cost-Schedule Integration，CSI），该方法主要是假设项目资金流与进度成一定函数关系。Sears（1981）、Abudayyeh et al.（1993）研发了 CSI 方法信息化技术。Carr（1983）对考虑进度因素的资金流预测模型进行了改进。Navon（1995）考虑了支付申请与实际支付的时间差，开发了资金流预测系统，该系统的原理是利用进度信息产生详细的成本信息，但模型计算仍然是基于有限可用信息的计算方法。中国台湾学者 Chen（2002）指出了 Navon 资金流预测模型的两个缺陷。一方面，Navon 资金流预测模型会使得预测支付流出与实际成本流出产生较大误差，这种误差来源于不同的延期支付时间和支付频率。Chen 调查了 40 个总承包商支付资金的情况，其中 7 个总承包商支付区分了人工费和材料费，而且资金的批准和实际支付具有一定时间间隔，另外，8 个总承包商按照每月两次的频率向其分包商支付工程款，而向供应商支付工程款的频率却是每月一次，这些情况均未在 Navon 资金流预测模型中体现。另一方面，Navon 资金流预测模型无法应对支付内容和支付频率变化。Chen 针对这两种缺陷改进了资金流预测模型，综合运用模式匹配逻辑法（Pattern Matching Logic）和因素分析法（Factorial Experiments）评价了资金流模型的精确性，提出了判断资金流预测模型准确性的评价标准（Chen et al.，2005）。另外，Fayek（2001）在 Navon 的研究基础上进一步讨论了 CSI 技术与公司财务系统的结合。

1.3.2.2　工程支付进度规划

考虑进度的资金流预测研究是将工程进度因素纳入资金流分析中，根据工程进度安排，确定资金的支付计划，使得资金流预测更加准确，为业主投资决策和承包商投标项目的决策提供理论依据和参考。然而，采用历史工程的数据形成经验曲线或者函数缺少对工程支付进度合理性规划。如果出现施工进度安排不合理、施工资源不均衡、资金流不平衡、透支过大、利润过小等不利情况，将直接影响业主企业和承包商企业的财务状况，进而影响项目的顺利进展。因此，为了合理规划工程资金的支付安排，实现各方利益最大化，Russell（1970）首次提出了资金净现值最大化（Max-NPV）的项目调度问题，以提高工程项目承包利润，但由于未考虑资源限制的问题，适用性有限。Doersch et al.（1977）提出了一种 0-1 整数规划方法，在工期和资金限制条件下，可以同时满足项目进度支付和现金流出的最大净现值。Dayanand（1997）首次将 Max-NPV 引入工程支付中，建立了工程支付进度优化模型。Smith-Daniels et al.（1987）通过关键线路法和材料需求计划，提出了一种延迟启动有限资源项目进度的策略，以保证净现值最大。随后，Smith-Daniels et al.（1996）首次尝试引入启发式算法求解考虑该策略情况下净现值最大的工程支付进度规划模型。

随着对工程问题理解的逐渐加深，学者们为完善净现值最大目标下的支付进度规划模型做出了大量研究，Etgar et al.（1997）发现随着时间的推移，提前或延期完工的奖励和处罚、资源成本的变化、净资金流量的大小均取决于完工时间，因此，建立了考虑净资金流与对应完工时间相关性的最大净资金流规划模型，并利用模拟退火算法进行模型求解。吴浩刚等（2001）从业主的利益视角，以资金投入净现值为目标函数，考虑工期延误风险、资源费用投入、固定工期、资金风险为约束，构建了多风险的最优资金流规划模型。通过 CiteSpace 软件进行 CNKI 文献分析，结果如图 1-5 所示。由图 1-5 可知，国内的工程支付进度研究以何正文教授团队为主，何正文教授团队分别从业主单独视角（何正文 等，2009）、业主和承包商联合角度（任世科 等，2012），针对双方费用分担及收益问题，构建了一个合同双方联合支付进度规划模型（何正文 等，2004）。随后，针对多模式项目支付进度（何正文 等，2005）、多模式资源约束（张静文 等，2005）、考虑奖励惩罚结构（何正文 等，2005；李兰英 等，2017）、资金流平衡约束（何正文 等，2009；何正文 等，2011）、随机活动工期（宁敏静 等，2015）等不同边界条件和不同情况，建立支付进度规划模型。Leyman et al.（2015）提出了一种新的工序活动移动规则，将产生累计负资金流的工序活动尽量向工程后期移动，并将该规则融入支付进度优化模型中。刘洋等（2016）运用广义优先关系描述复杂的工序活动变化，将其引入 Max-NPV 项目调度模型中，设计了一种双层遗传算法，提高了求解模型的速度。曹萍等（2019）针对项目质量的差异性，引入质量影响因素，以承包商净现值最大为目标函数，建立了支付进度优化模型。丰景春等（2019）建立了项目群工期和费用的耦合优化模型。

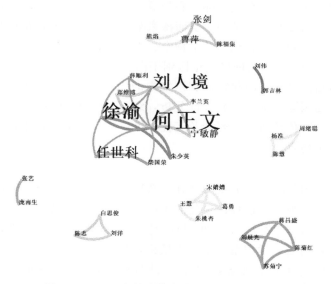

图 1-5　工程支付进度的国内研究合作者关系

除了净现值最大化的目标函数，Easa（1992）建立了最大化承包商利润、最小化透资额度、资金和进度限制的混合规划优化模型。朱南海等（1999）采用合成事件技术，同时考虑关键线路与非关键线路对工期的影响，并将工期风险分析与资金流结合起来，通过模拟仿真求得最佳资金支付计划。Lucko（2010）考虑资金流受进度延后、成本超支、设计变更、索赔等多因素影响，采用奇异函数建立资金流模型，灵活而准确地模拟了现金流状况及其各种支付条件。Su et al.（2015）在此基础上，分析了前移和后移非关键工序活动对工程资金支付均衡性的影响。

　　工程支付进度优化属于复杂的规划问题，为了求解优化模型，针对多模式多视角的支付进度，何正文等（2006）提出了双模块退火启发式算法。Chen et al.(2009)综合考虑时间、成本、资源和优先关系等因素，将具有折现资金流的多模式资源约束项目调度转化为图的搜索问题，运用蚁群算法对转换后的问题进行求解。黄少荣等（2009）运用启发式遗传算法求解了包含折现资金流的非线性资源调度问题。Fink et al.(2013)不仅考虑了参与工程的多主体情况，而且考虑了有限资源下多主体之间的利益冲突，设计了基于蚁群算法的协商机制，建立了以多主体折现资金流为目标、施工资源与施工进度为限制条件的项目调度模型。Fathallahi et al.(2016)建立了考虑不确定性的资源约束支付进度优化模型，并利用模糊理论描述了模型中的不确定性条件，开发了集成模拟退火算法与遗传算法的混合算法用于求解模型。陈龙等（2016）提出了人工蜂群算法用于求解 Max-NPV 项目调度模型。Ning et al.(2017)融合了模拟退火和禁忌搜索算法，用于求解考虑不确定条件的多模式现金流平衡调度问题。

1.3.3　复杂系统的风险传播研究

　　复杂系统在自然界和社会经济领域随处可见，例如生态系统、人体神经系统、金融系统、大型企业、大型复杂工程等，复杂系统内部某一点的偏差极有可能产生级联效应从而导致系统崩溃。为了防止复杂系统内部级联失效而产生的巨大损失，学者们将复杂系统内部要素及其关系抽象为复杂网络结构，从而探索某节点发生的风险在复杂网络中传播的规律。目前复杂网络理论受到了物理学、生物学、工程界、管理界、社会科学等领域的众多关注（汪小帆 等，2006）。复杂网络理论区别于图论的重要标志在于复杂网络能够描述网络的动态特征，包括网络结构演化特征和网络中的传播特征。基于 CiteSpace 软件，对复杂网络中风险传播的国际和国内研究进行分析，结果如图 1-6 所示。从文献分析可以看出基于复杂网络的风险传播研究主要涉及工程、供应链、金融、企业管理等多个领域，主要的研究手段为模拟仿真。

1.3.3.1　工程领域

　　在工程领域，国内华北电力大学的李存斌教授团队展开了大量关于风险在网络中传播的相关研究，提出了风险元传递理论，建立了广义项目风险传递理论三维模型，并将其运用于网络计划风险分析（李存斌 等，2007）；基于风险元传递理论，建立了工程项目风险元传递因果关系循环网络，运用系统动力学模型，分析了风险发生后的传递效应对工程费用、进度、质量的影响（李存斌 等，2012）；针对施工中的设计变更风险，建立了设计变更风险网络传播的系统动力学模型（李存斌 等，2015）；通过分析供电网络中每一环节的内部风险及其传递关系，建立了风险传递关系贝叶斯网络，识别出关键风险及其传递方向（李存斌 等，2011）；以企业整体为目标，研究了企业执行多项目时的风险元传递特征，通过建立企业多项目项目风险元链式结构，集合马尔科夫链、灰色理论、傅里叶级数等方法，对风险元的传递结果进行预测（李存斌 等，2013）。

　　事故安全风险具有典型的传播特性，汪送等（2013）基于"认知—约束"模型构建了复杂事故致因的网络结构，利用风险熵表征风险大小，通过 Arena 仿真模拟风险熵的动态传播过程，得出了事故致因网络中的动态关键节点。陈文瑛等（2018）通过分析地铁运营线路的突发事故风险在环形和非环形两种地铁线路的传播影响，建立了单线地铁运营风险传播模型，得出了地铁运营突发事故风险传播规律。陶茜等（2018）为了找出飞机主起落架系统的薄弱环节，构建了图示评审技术（GERT）系统各环节的故障风险传递网络，利用 Monte Carlo 模拟各环节的故障发生概率，找出影响系统风险的关键工序。孟祥坤等（2019）为了保证深水钻井的作业安全，分析深水钻井流出和井喷事故风险发生过程，形成井喷事故风险传播网络，考虑风险传播的随机性和模糊性，运用风险熵和复杂网络理论，量化评估了风险传播的影响结果。

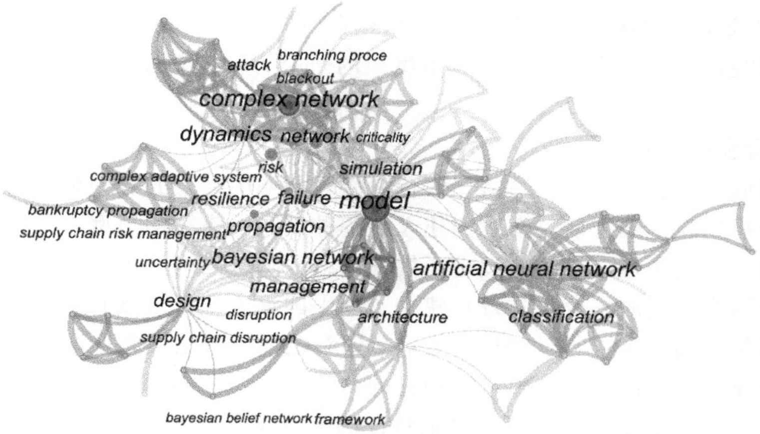

（a）复杂网络中风险传播的国际研究热点词

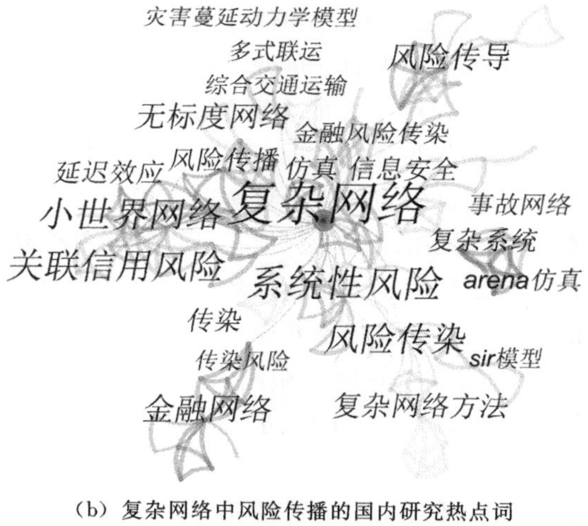

（b）复杂网络中风险传播的国内研究热点词

图 1-6 复杂网络中风险传播的国际与国内研究热点词对比

在其他工程领域中，Fang et al.（2013）提出了一种工程风险网络传播行为的定量建模方法，通过咨询参与项目的专家，结合设计结构矩阵（DSM）方法，建立风险传播矩阵，描述风险因素之间的复杂关系，为项目管理人员提供更有效的风险应对措施。Brookfield et al.（2009）考虑了大型工程复杂环境特征，针对工程中重要的资金风险问题，利用网络结构提出了一种描述风险出现的新方法，揭示了风险传播的重要属性，识别了风险传播影响下的关键风险因素。苏翔等（2018）也利用 DSM 方法构建了复杂产品设计网络结构，分析了工程设计变更传播风险，识别出了设计网络中的关键节点，即 Hub 节点。徐一帆等（2019）通过对大型复杂装备的研制流程进行系统动态建模仿真，利用获取的仿真数据样本，结合贝叶斯学习，提炼出风险传播网络，并对其进行贝叶斯学习推理，确定关键节点与传播路径。娄燕妮等（2018）识别了 PPP 交通项目的风险因素及其相关关系，同时分析了利益相关方之间的相关关系，然后对不同利益相关方所承担的风险进行了归类，建立风险因素与利益相关方之间的关联关系，从而构建融合利益相关方和风险因素的 PPP 交通项目风险传播网络，运用社会网络理论，分析出关键的利益相关方与风险因素关联关系。陈敏等（2019）运用类似的研究方法分析了公共文化类 PPP 项目风险传播影响。

1.3.3.2　银行金融领域

在金融领域，学者们对信用网络、银行网络等金融网络上的各种金融风险传染展开了大量研究。分析风险传染之前，学者们建立了各种银行网络结构模型，为探索金融风险的传染奠定基础。马英奎等（2013）设定了规则网络、随机网络、小世界网络以及无标度网络等四种银行网络。杨海军等（2017）建立了以中国五大银行为核心、其他银行为边缘的核心—边缘网络结构。李智等（2017）考虑了银行之间的拆借关系和动态行为，建立了网络结构动态变化的银行内生网络模型。同样的，范宏等（2018）考虑了银行关系的变化以及资产负债的变动，构建了具有动态演化特性的银行网络系统。Corsi et al.（2018）研究了 33 家重要银行和 36 家主权债券之间的尾部因果关系，并将其应用于构建银行债券的二元网络，用格兰杰因果关系表示网络中银行和债券之间的联系。Su et al.（2019）从生活、信用、担保等三个层面建立了微型企业的三重融合网络，并构建了金融风险在三重网络中的传播模型。胡志浩等（2017）利用公开的金融类数据构造了具有无标度特征的金融网络，使得研究金融风险传播的复杂网络更贴近实际应用。吴畏等（2014）提出了一种新的加权金融网络，考虑了各种金融机构之间的借贷额度，模拟了单个机构破产后对整个金融网络的传播影响，并分析了不同网络结构、规模、节点等条件变化下的风险传播结果。沈丽等（2019）通过中国地方金融风险压力指数构建了中国金融风险空间关联网络，运用社会网络分析了地方金融的空间关联性和传染效应。

为了分析风险在银行之间的传染效应，邓超等（2014）利用 Watts 模型描述了银行网络中银行破产与合作银行破产数量之间的关系，表征了银行破产阈值与传染机制，仿真了基于随机网络的银行网络金融风险传染效应。罗刚等（2015）将金融领域中担保人的关系抽象为复杂网络，运用病毒传播理论中的易感状态—感染状态（SI）模型表示担保个体的稳定与风险两种状态，模拟仿真了担保风险在担保网络中的传播机制。王书斌等（2017）研究了 P2P 网络贷款违约风险的传染机制，定性分析了债权转让导致违约舆情传染的原因，运用传染病模型，构建了违约舆情的传染模型。郭晨等（2019）综合了商业银行流动性风险与破产风险，探索了二元混合风险的传播机理。

在信用网络风险的传染研究方面，陈彦锟（2010）根据金融网络的特征，将证券、银行等金融网络设定为无标度网络，运用 Jarrow & Yu 信用违约风险传染模型，模拟了不同条件下的信用违约风险传染效应。陈庭强等（2014）考虑了信用风险传播主体的心理因素和行为因素，建立了投资者心理偏好与行为决策之间的关联关系，并将其融入信用风险传染模型中，综合理论推导与数值仿真，探讨了信用风险传染行为的演化影响；之后，基于熵空间交互理论，将经济网络中经济主体的投资风险偏好和空间距离相结合，建立了信用风险传染熵空间模型（陈庭强 等，2016）。李永奎等（2015）在信用风险传染中考虑了风险传染的延迟特性，综合运用复杂网络和传染病模型，构建了基于 BA 无标度网络的关联信用风险传染效应。钱茜等（2018）将具有交叉持股、信用担保、债务关联等关联关系的经济个体视为节点，同时将其关联关系视为边，建立关联信用网络，并研究了信息风险传播与信用风险传播的相关性。类似于这种交叉性关联关系，吴田等（2018）将具有交叉金融业务的各类金融机构和交叉业务关系构建为复杂网络。

1.3.3.3 供应链领域

供应链网络风险传播问题由金融领域的破产风险传播问题衍生而来，风险传播的主体由金融机构变成了企业。该问题近十年才刚刚兴起，Hua et al.（2011）探索了供应链网络中企业的经济行为对合作企业经济状态的影响机制。戴眉眉等（2011）首次将复杂网络理论用于产业链风险传播研究中，从动态、系统、关联的视角研究了产业链风险。与金融领域相同，传染病模型被广泛地运用于供应链网络风险传播研究中，杨康等（2013）将传染病模型引入供应链风险传播研究中，将供应链网络设定为小世界网络，模拟仿真供应链风险的传播过程和结果。常冬雨（2019）将传染病模型运用于农产品供应链网络风险传播研究。基于传染病理论，Guo et al.（2019）考虑了从众心理机制与风险偏好，并将其融入了供应链网络风险传播研究。

除了传染病模型以外，Garvey et al.（2015）运用贝叶斯网络理论建立了供应链网络的风险传播模型，该模型不仅考虑了不同供应链风险之间的相互依赖性，而且包含了供应链网络结构的特殊性，探究了从风险因素到供应链企业的风险影响传播。Han et al.（2016）建立了供应链中断传播模型，描述了供应链网络中一个节点风险对其他相互连接节点的影响，并利用社会网络理论（SNA）中的平均路径长和出入度评价供应链网络的鲁棒性，基于评价结果得出了防止风险传播的最优网络结构。Tang et al.（2016）建立了装配式供应链网络中的风险传播模型，模拟了不同灾害破坏下的风险级联传播过程，以生产能力损失作为装配式供应链网络的鲁棒性指标，提出了提升装配式供应链稳定性的措施。雷凯等（2016）研究了多式联运物流网络的风险传播特征与规律，将灾害蔓延动力学模型引入多式联运网络风险传播，量化了网络节点的风险修复能力。左虹、陈庭贵（2019）考虑了具有边权的供应链网络，利用脆弱性表征了企业的自身治愈能力。崔蓓等（2017）建立了加权的供应链担保圈网络，考虑了企业之间的风险分担与风险连坐效应，分析了风险在担保圈中的传染效应。Xie et al.（2019）通过解释结构模型和系统动力学建立了资金流动对承包商行为的因果网络图，分析了工程建设资金链中资金风险的传播过程。Ojha et al.（2018）利用贝叶斯网络分析了同时面临中断的多阶梯供应链网络，通过脆弱性、服务水平、库存成本和销售损失等指标评估节点中断的连锁传播反应，评估了供应链网络中每个节点的脆弱性和适应性。Serrano et al.（2018）研究了供应链网络中支付风险的传播影响，通过建立供应链网络的资金模型，计算发现在严格的资金限制下支付风险会被放大，而驱动风险传播的因素包括行业风险、公司运营杠杆、财务杠杆以及债务成本等。

1.3.3.4　企业合作领域

目前企业合作的风险网络传播领域中，西北工业大学的杨乃定和张延禄团队对研发企业网络的风险传播研究积累了丰富成果，首先识别和评估了 R&D 网络中的风险因素，然后将研发企业传播风险的过程划分为 4 个阶段：有序运行、风险产生、风险传播突增、传播结束。基于此，建立了研发企业网络的风险传播模型，最后通过模拟仿真风险传播过程，分析了企业相关风险的传播机制，并得出了控制风险传播的策略（张延禄 等，2014）。此后，刘慧等（2017）在此研究基础上考虑了企业的自身恢复能力，引入了风险恢复因子。铁瑞雪等（2018）考虑了企业之间的合作程度，将合作关系网络设定为加权无标度网络。随后，该团队基于优先依附和地理邻近的规则进一步优化了 R&D 网络生成算法，同时建立了双层相互依赖的 R&D 网络，展开了风险传播仿真（Zhang，2018；Liu et al.，2019）。近年来，多层 R&D 网络被拓展为不同研发企业内部的项目关联网络（杨乃定 等，2019），并考虑了企业的风险感知效应（刘慧 等，2019）。

1.3.4　存在的问题与不足

根据确定性工程支付和不确定性工程支付的研究对比，后者将施工过程中的不确定性因素纳入资金流风险分析中，能够更准确地分析和预测资金流，更好地为项目管理人员提供决策和管理依据。然而，以往研究中要么重点针对资金流入不确定性，要么针对由工程进度随机性导致的资金流出不确定性，缺少同时考虑资金流入和流出的资金风险分析研究。因此，本研究充分考虑工程施工过程中发包商支付行为主观偏好随机性和建设成本支出随机性两个方面，分别表征承包商的资金流入和资金流出不确定性。

另外，通过对比概率统计和模糊理论两种描述资金流不确定性方法可知，具有充足历史数据条件下，可运用概率统计方法和计算机技术，模拟仿真资金流风险；而缺少历史数据条件下，可运用模糊理论弥补概率统计方法的不足。相比于模糊理论，概率统计方法可以模拟仿真出大量不同情况下的工程资金支付，模糊理论仅能给出几种临界资金支付分析。因此，为了更加全面地获得大型水电工程支付风险分析结果，本研究主要采用概率统计与计算机仿真技术相结合的方法计算风险率。对于缺少历史数据导致获取概率分布较困难的情况，充分利用专家经验，将专家咨询结果转化为概率分布用于支付风险仿真计算。

资金支付与进度执行相互关联且相互影响，因此，预测资金流时有必要考虑工程进度对资金支付的影响，较为常用的预测方法是 CSI 模型，学者们也针对 CSI 模型的不足提出了各种改进的 CSI 模型。虽然该模型考虑了进度的影响，但仍然基于历史数据产生拟合函数预测相似工程资金流，无法体现工程独特性、施工过程不确定性、参与方多主体特性以及资源限制等各项要素。因此，为了全面考虑工程建设过程中的各项因素，在满足多种限制条件下，学者们对如何达到工程参与方和工程效益最大化展开了大量研究，其方法是建立工程支付进度优化模型，研究成果为开工前合理规划工程资金支付提供了十分重要的理论基础和依据。

但是，由于大型水电工程的各种特性，导致施工中的资金支付不确定性大，实际执行过程与开工前预测安排难以保持一致，而且以往研究通过建立规划模型得出的最优支付安排难以适应工程施工不确定性和动态变化。当实际施工过程中的资金支付出现偏差时，工程进度极有可能受到影响，如何科学地分析支付风险对工程进度的影响是动态控制支付风险和进度风险的重要前提。因此，本研究在分析大型水电工程的复杂性特征基础上，构建支付风险对工程进度的传播模型，揭示支付风险的内在传播规律，探索支付风险造成工程超期的影响特性。

由研究综述可知，复杂网络已经被广泛用于复杂系统研究，它能够描述复杂系统内部要素与要素之间的关系，而且为分析风险在复杂系统中的传播效应提供了十分有效的研究手段。大型水电工程建设属于一个临时的复杂系统，系统内不仅要素多，而且要素之间的关系也极为复杂。在工程领域，基于复杂网络的风险传播研究已有诸多成果，为本研究提供了重要研究思路与启示。但是，大型水电工程涉及大量不同专业背景、不同企业类型、不同企业级别的利益相关方，合作交易关系相互交织，业主或总承包商等资金链上游利益相关方产生支付风险后，风险在利益相关方企业内部的传播机理以及利益相关方之间连锁效应均极为复杂。因此，需要在充分考虑大型水电工程建设特性和支付特性的基础上，建立适用于该类工程的网络结构和支付风险传播量化模型，揭示大型水电工程支付风险传播规律，探索风险传播的表现特性。本研究运用复杂网络理论表征大型水电工程各要素之间的关系，建立大型水电工程建设系统内部参与方、风险因素等网络结构，研究支付风险发生后在网络结构中的传播特性以及工程影响特性。

第2章 大型水电工程资金流运动的系统动力特性分析

2.1 引　言

大型水电工程项目建设周期长、工程环境复杂、自然条件敏感，导致工程变更行为频繁发生（石纪龙 等，2022）。据统计，工程变更引起的项目投资差额高达20%～50%，尤其是重大变更涉及的资金流范围更广、建设工期跨度更长、资金预算调整幅度更大，导致资金流价值运动形态发生剧烈变化，严重影响工程项目资金使用绩效、甚至引发工程项目成本超支、工期延误等系统性风险（Aslam et al.，2019）。为缓解工程变更后极端资金风险溢出效应带来的不利影响，决策者通过调整工程进度与投资计划达到理想的资金流状态，以适应工程变更后的项目施工资源调度网络。因此，研究工程变更资金流价值运动过程及其驱动机制，对于工程变更后资金流优化调整及其风险管控至关重要。

关于项目资金流的研究方法主要有以下三类。第一，早期研究主要使用全面预算法构建数学模型分析项目资金之间的互动关系。Ashley和Teicholz于1977年首次提出基于成本流的固定权重法，将成本划分为人工费用、材料费用及机械费用等，但实际项目中成本发生与成本支出之间存在时间差，即资金支付的时间间隔，所以准确度并不高；进一步地，Park et al.（2005）从承包商视角出发，通过引入移动权重法构建资金流模型，即各项目资金的实际发生值更新成本权重。第二，另有些学者使用协整理论、回归模型分析资金流随时间的分布状况，其中比较著名的是基于数学方程的S曲线模型（Cioffi，2005；Soliman，Alrasheed，2022），以及在此基础上拓展的随机S曲线（Barraza et al.，2004）、表示不同风险可能性水平的S曲面（Maravas et al.，2012）等。S曲线模型的优势在于可以表现自底而上的累计成本支出按时间的分布情况，李果等（2011）以三峡工程的单位工程投资数据为样本，使用回归分析方法拟合出适用范围广、计算精度高的S曲线；Ottaviani11 et al.（2022）从实际项目中的805个观测值进行多元线性回归分析，并进一步改进挣值管理方法，获得更高精度和更低方差的完工估算公式。然而，以多项工程汇总的经验曲线仅适用同类工程，且难以对完工风险与资金合理运用进行具体的定量分析。第三，还有学者通过指数平滑法为代表的时间序列（Wang et al.，2022）、神经网络（周瑞芳 等，2009）等方法对资金流进行预测优化，这类方法通常以历史数据为基础，推算未来发展规律，虽然可以一定程度反映变量间的动态变化，但代表数据集之间的相关程度，并非是真正意义的因果关系，且此类方法所依赖条件均值估计量，仅能够在正常事态下分析资金流动。在诸如COVID-19等"黑天鹅"事件背景下，工程变更的不确定性及风险因素表现明显的异质性，基于历史数据的回归模型方法难以表现极端状态下资金流动态势。

从研究视角来看，既有研究往往根据结构化信息，从分项工程、分部工程到单位工程自底向上调节，自历史向未来外推，难以考虑工程变更因素的系统性影响。工程变更对资金流价值运动影响效应具体表现在两个方面：一是工程变更会冲击资金流原有走势，且冲击影响是具有时间持续性的，随着时间推移，工程变更将对资金流带来滞后性的累计影响（苏翔 等，2018）；二是工程变更会影响资金流价值效用，致使资金价值在不同时间点发生折扣变化（资金价值变化）（晋良海 等，2018）。如何对工程重大变更后的项目资金流入、流出、存储等跨期运动形态进行权衡调适，以提高项目资金使用绩效、防止资金链断裂风险发生，这是决策者需要重点关注的问题。然而，现阶段从工程变更不确定性视角分析资金流价值运动的研究仍相对较少，且工程变更不确定性在项目资金流的风险传导过程中的作用机制尚不明晰。

鉴于此，首先采用系统动力学方法，从因果关系层面分析工程变更资金流的动态演变规律，厘清资金网络的流转过程；并进一步建立工程变更资金流价值运动模型，结合Monte Carlo 随机模拟方法，表征施工资源消耗过程；构建差异化工程变更场景，分析资金储备变化水平，揭示工程变更不确定性对项目资金流价值的影响作用；采用敏感性分析方法，探究工程变更资金流影响的主控因子及其调控水平。研究创新主要在于：将支付比例、支付延期与支付意愿等具有风险感知差异的相关参数纳入系统动力学模型，该模型不仅能够反映资金流价值变化，而且还考虑支付延期与支付意愿对资金储备水平的影响，因此，能够更加系统、全面、真实地刻画工程变更驱动的资金流价值运动过程。

2.2 工程变更下资金流价值特征分析

施工项目启动前，施工方需要编制在计划期内包含以货币形式表现的生产费用、成本水平、成本降低率等指标的成本计划，作为资金管理与核算的依据。进入施工阶段，施工方根据已完成的工程量编制清单，并向业主方提出支付申请，业主方审核后将在规定时间内，扣除保留金后，向承包商支付工程款项。因此，在工程报量结算前，施工方需要垫付工程施工的资金，即资金压力将由施工方承担。在持续性的施工过程中，资金的供需平衡动态过程构成一个时序性的资金流动模式，承包商将人力、材料、机械等各类资源投入具体的工作过程中，以塑造工程实体，并通过资金的流转实现资金增值。由于项目设计的涉及面广、建设环节的多元风险因素以及业主需求的持续变化，均可能引发合同内容的调整、工程量的变化以及工程设计的更改等的工程变更情况发生，这些工程变更将对整个项目生产率产生重要影响。具体来讲，工程变更的影响主要体现在两个方面：一是工程变更会影响资源调度的频率和幅度，从而导致资金流的显著波动；二是工程变更通常需要额外的时间来完成，这可能导致项目的整体进度推迟。为保障工程变更后项目进度的正常推进，施工方面临两大挑战：一方面，施工方需要根据项目的实际情况，对人力、材料、设备等资源需求进行精准的估算与配置；另一方面，在项目资金管理的角度，施工方需充分重视资金价值，要提前做好充足的资金储备。

如图2-1所示，项目资金流描述了资金收入与支出在时间维度上的分布特征，主要由资金供给结构与资金需求结构构成。其中，资金供给结构通常由进度款、索赔款以及有偿借款等组成，而资金需求结构主要由人工费、材料费、机械设备费（包括折旧）、管理费等组成。当资源需要投入时，资金供给与需求之间产生一个存量流量差，推动外来资金补充至资金储备库中，再投入资源，形成一个守恒的循环过程。资金储备水平的波动受到资金供给和资金需求影响，因此，资金储备系统可以被视作需求牵引模式，资金流在施工资源和进度款项之间形成闭环循环。资金供给的动态特性取决于项目的实际进度、支付条件、合同条款以及可能出现的工程变更等因素。这些因素可以看作是驱动资金流入的动力，对资金储备水平产生正向反馈。同时，资金需求的动态特性主要取决于项目的施工进度、资源消耗率、贷款利率等因素，这些因素可以看作是推动资金流出的动力，对资金储备水平产生负向反馈。因此，资金储备是循环中的核心环节，资金储备的差额水平是约束项目资金调节的主要条件。循环的整体影响可以通过单个影响（-）（+）（+）=（-）的分析进行验证。

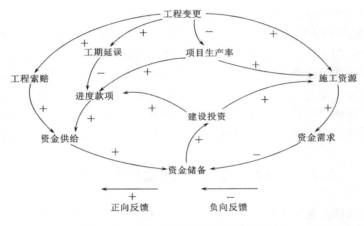

图2-1 工程变更下资金流反馈结构图

2.3 系统动力学模型的建立

2.3.1 边界确定与基本假设

建立系统动力学模型目的在于通过模拟仿真不同工程变更情境，探究资金流价值运动状态变化趋势，量化分析工程变更不确定性对项目资金流价值的影响作用。为准确阐述提出的模型，现给出以下的关键假设条件：

（1）成本支出与发生时间差作均化处理。

（2）项目资金来源可靠，不受贷款受阻等因素影响。

（3）资金利率相对稳定，不受时间或其他因素影响。

（4）工程变更服从正态概率分布，并且变更事件之间相互独立。

（5）基于承包商视角，将不可抗力事件设定为系统外边界不予考虑。

（6）项目不受变更后产生的高昂成本、时间延迟和资源不足等因素中断。

2.3.2　工程变更下资金流价值流动模型构建

据工程变更下资金流价值特征分析，资金流系统存在多个复杂的动态结构，各变量间存在因果关系、时滞关系和非线性关系，借助系统动力学可以有效地处理该系统，研究具有可行性，同时系统动力学可以模拟一个环境实验室，改变环境参数进行变更和实验，模拟不同条件下的系统反应，从而决策者能够更好地认识系统行为，以探索资源优化配置。资金流系统动力机制表现为资金供给、资金需求之间的动态关系，子系统内部各变量相互影响，各变更间存在的关联关系如图所示，其中包括 3 个流位变量、4 个流速变量和其他变量，共计有 47 个变量，见表 2-1。

表 2-1　　　　　工程变更驱动的资金流价值运动系统变量表

序号	变量名称	变量代号	变 量 定 义	值分布
1	资金储备	$L_1(t)$	在一定时间内的项目资金供给与需求差额，如为正，表示这段时间内项目是盈利的，反之，项目是亏损的	
2	资金供给	$L_2(t)$	为支持项目实施而提供的资金来源，这些资金被用于支付项目的施工、管理等各项费用	
3	资金需求	$L_3(t)$	为完成项目所需的全部资金，这些资金用于支付所有与项目相关的成本，包括但不限于施工、管理等环节的费用	
4	资金供给增量	$R_2(t)$	一定时间内资金供给的增加额度，用来评估和分析项目收入和利润增长情况	
5	资金需求增量	$R_3(t)$	一定时间内资金需求的增加额度，用来评估项目成本、支出或投资的变化情况	
6	净现值	NPV	资金按一定折现率（预期投资回报率）折算至现期的投资	
7	预期投资回报率	i^*	投资者预计能够从投资中获得回报的百分比，是投资收益的期望值	10%
8	进度款项	$A_1(t)$	根据合同规定，业主根据工程的完成进度，按阶段向承包商支付的款项，与业主的支付意愿有关，主要受市场环境及经济效益影响	
9	贷款	$A_2(t)$	为支持特定建设项目而提供的贷款，由商业、投资银行或其他金融机构提供	
10	保留金比例	$A_{11}(t)$	业主支付进度款项时，按约定暂时扣留的一部分款项，用以保障工程的顺利完成以及后期的维保等责任，在保修期满后支付给承包商，依据工程的规模、复杂性、风险等多种因素来确定	0.05~0.1
11	支付频率	$A_{12}(t)$	一段时间内付款的次数，与支付便利性、资金需求等因素有关	按月支付
12	资金利率	$A_{21}(t)$	用于借款或投资的资金使用成本	5%
13	贷款金额	$A_{22}(t)$	为支持特定建设项目而提供的贷款，由商业、投资银行或其他金融机构提供	

序号	变量名称	变量代号	变量定义	值分布
14	人工费用	$B_1(t)$	用于支付劳动力和人员工资的费用，包括管理人员在实施过程中所产生的工资、社会保险、福利和津贴等费用的总和	
15	材料费用	$B_2(t)$	用于购买和运输所有必要的建筑材料、设备和设施的费用，包括但不限于结构材料、土建工程材料等	
16	机械费用	$B_3(t)$	用于购买、租赁或维护施工机械和设备的预算费用，包括机械购置或租赁费、机械运行和维护费、机械折旧费、机械人工费等	
17	辅助生产费用	$B_4(t)$	项目为辅助生产而产生的费用，主要为基本建设生产提供劳务所发生的费用，主要包括运输成本以及燃料成本	
18	其他费用	$B_5(t)$	施工过程发生的材料搬运费、检验试验费等其他费用	
19	工资率	$B_{11}(t)$	工资率，即单位时间内的劳动价格，与工种稀缺情况和市场需求有关	3.800
20	人工工时	$B_{12}(t)$	由项目变更工程量决定，指项目变更时直接新增、调整、取消工程量，导致的项目工时发生变化	
21	运杂费	$B_{21}(t)$	原材料流转过程而造成的费用，通常按经验或规定进行估算	0.300
22	采购及保管费率	$B_{22}(t)$	对材料成本影响的调整系数，材料进行采购或保管时所附加的费用	0.028
23	建筑材料	$B_{23}(t)$	由项目工程量的决定，项目变更时直接新增、调整、取消工程量，导致的建筑材料发生变化	
24	单位时间机械成本	$B_{31}(t)$	在项目中使用特定类型的机械设备所产生的费用，以单位时间来计算，用于衡量在施工过程中使用机械设备的经济效益和成本效益	1.200
25	机械台班	$B_{32}(t)$	由项目工程量的决定，项目变更时直接新增、调整、取消工程量，导致的机械台班发生变化	
26	燃料成本	$B_{41}(t)$	在建筑项目或其他生产活动中，用于供给动力和能源的燃料所产生的费用，可近似看作机械台班与燃料动能分配率的乘积	
27	运输成本	$B_{42}(t)$	在项目中，将物资、货物从一个地点运送到另一个地点所产生的费用，用于支付运输服务的成本，可近似看作机械台班费用与运输分配率的乘积	
28	运输分配率	$B_{411}(t)$	运输成本的调整系数，由经验或规定确定	0.500

续表

序号	变量名称	变量代号	变 量 定 义	值分布
29	燃料动能分配率	$B_{421}(t)$	燃料成本的调整系数，由经验或规定确定	2.500
30	管理费用	$B_{51}(t)$	工程变更产生的管理成本，包括为管理和实施这些变更所需的费用	
31	折旧费用	$B_{52}(t)$	在建筑项目，由于资产折旧政策的变更而产生的费用，通常涉及对资产折旧政策的修改，导致资产的折旧费用发生变化，从而影响到项目成本	
32	管理费率	$B_{511}(t)$	对变更产生的管理费率的调整系数，由经验或规定确定	1.328
33	折旧费率	$B_{521}(t)$	用于衡量固定资产（如设备等）的价值随时间逐渐减少的比率，由资产的原始成本、预期使用寿命以及残值等因素决定	3.120
34	工程变更	$C_1(t)$	项目执行过程中，对原计划或设计的修改，包括项目范围、时间和成本等	
35	项目生产率	$C_2(t)$	一定时间内完成的工作量，用于衡量项目效率	
36	工期延误	$C_3(t)$	执行项目时，因各种原因导致原定完成时间被推迟	
37	变更概率	$C_4(t)$	项目生命周期内发生变更的可能性或比率	
38	变更频率	$C_5(t)$	一定时间内项目变更发生的次数	
39	变更幅度	$C_6(t)$	项目中某方面从原计划变动的程度	
40	延迟处理时间	$C_{21}(t)$	项目从识别出需要变更到真正处理变更的这段时间	
41	管理水平	$C_{211}(t)$	管理者进行管理活动的能力和水平的评估，如决策制定、团队管理等	
42	变更调控因子	$C_{212}(t)$	影响项目变更管理过程的各种因素，如资源、技术等	
43	支付延期	$C_{31}(t)$	在合同约定的支付期限过后，业主方因质量问题等因素未能按时向承包商支付应付款项的情况	
44	偶发因素	$C_{41}(t)$	项目过程中随机发生的情况或事件	随机函数
45	项目规模	$C_{51}(t)$	项目的大小或范围，项目规模越大，不确定性因素越多	0.7～1
46	变更性质	$C_{61}(t)$	项目的特点或类别，包括变更的来源、影响和需要采取的行动	0.9
47	风险容忍度	$C_{62}(t)$	管理者愿意承受的风险的最大程度	0.8～1.1

表2-1主要表示工程变更驱动的资金流价值运动系统的各变量名称、定义及值分布。其中模型的变量参数可以分两种类型：主观参数和客观参数。主观参数的赋值主要依赖专家意见与学者研究，采用专家法和调研问卷等方式进行估计，如管理水平、风险容忍度等；

客观参数的赋值主要参考国家定额标准、历史数据和前人文献等，如工资率、采购及保管费率；其他参数用表函数表示如图 2-2 所示。针对数据赋值及方程式编写，本书重点做了以下三个处理：

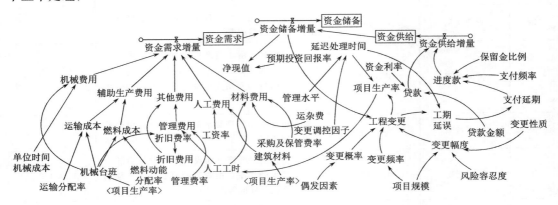

图 2-2　工程变更驱动的资金流价值运动系统动力图

（1）模型涉及的部分变量量纲不同，为避免因量纲不同引起较大的结果偏差，采用函数采用函数映射法或倍数放缩法控制至同一量级。

（2）根据行为激励理论中的强化理论，人的行为受到正强化趋向于重复发生，反之则趋向于减少发生。因此，本书设定决策者具有一个风险容忍度，当 $L_1(t)>0$ 时，$C_{62}(t)=1.1$，将延长变更处理时间，反之则缩短变更处理时间。

（3）变更概率在分布区间内，概率密度始终为正值，且呈单峰形状，符合此特征的概率分布有正态分布，贝塔分布和三角分布，而实践证明正态分布更能够描述变量的分布状况。

（4）项目每增加 10% 的变更，项目生产率降低 2.48%，当施工阶段发生 6% 的变更时，项目生产率等于计划值，即以 6% 作为项目具有代表性的变更水平。

2.4　仿　真　分　析

2.4.1　工程数据

杨房沟水电站位于凉山州木里县境内的雅砻江流域中游河段上，是雅砻江中游河段梯级开发的核心工程。以杨房沟水电站 11 号坝段工程为对象，对资金流进行仿真模拟。本项目计划工期 3 年，各季度合同款项与计划成本见表 2-2。

表 2-2　　　　　　　　　　　　计划成本与合同款项对比表

季　度	1	2	3	4	5	6	7	8	9	10	11	12
合同款项/万元	52.00	103.99	150.03	231.15	335.96	426.01	441.86	375.92	297.00	198.05	120.02	52.00
计划成本/万元	70.31	120.24	182.54	250.61	385.25	486.25	513.19	438.44	331.23	220.12	130.48	67.34

2.4.2　模型有效性检验

在进行仿真分析之前，对构建的系统动力模型进行全面检验是至关重要的，检验方式主要包括机械错误检验、量钢一致性检验和结构行为检验。经验证，本模型已通过 Vensim 软件的机械错误检验、量钢一致性检验。针对结构的行为检验主要包括极值检验和敏感性测试。现对部分参数进行敏感性测试。

在资金供给结构中，保留金比例变动是影响资金供给状态的关键因素，为验证模型的准确性，根据预设值（min＝0，max＝0.1，mean＝0.5，dev＝0.07）对保留金进行了4000次模拟。图 2-3 展示了保留金比例变动对资金供给的影响。

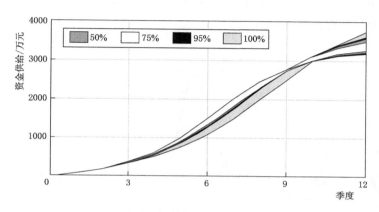

图 2-3　保留金比例变动对资金供给的影响

图 2-3 描述了资金比例变动对资金供给影响的置信区间分析。在图 2-3 中，最中心的浅色区域包含了 50% 的模拟结果，表明这一区间范围内是最可能的预测结果。进一步地，包括中心和其外围一层在内的区域覆盖了 75% 的模拟结果，展示了较大的概率范围。当增加至中心两层及外围一层时展示了 95% 的模拟结果，即资金供给的有效范围。最后，整个区域包含了全部的模拟结果。可以看出，运行结果呈现数值敏感性，保留金比例变动对资金供给产生影响，但曲线未出现明显的趋势性变化，因此，模型设定的保留金比例系数是合理的，运行结果通过了敏感性测试。

2.4.3　工程变更下资金流价值运动系统仿真结果

将参数输入模型，模拟期限设定为 3 年（模拟期限可以根据项目需求进行调整），时间参数以季度为单位，并采用 Monte Carlo 方法模拟三种工程变更场景：S_1、S_2 和 S_3。其中，S_1 模拟高风险水平下的工程变更情形，代表管理人员的管理水平较弱，以及偶发风险因素出现的概率较大的情况。相对而言，S_2 和 S_3 分别模拟中风险水平和低风险水平的工程变更情形。在 S_3 情形下，工程变更的风险显著降低。基于此，设定风险水平与变更幅度潜在范围的关系：即风险水平越高，工程变更的幅度可能越大。上述三种场景下的仿真结果如图 2-4～图 2-6 所示。

图 2-4 揭示了三种情形（S_1、S_2 和 S_3）下的工程变更金额。在这三种情形中，工程变更金额的均值/标准差分别为 34.58/16.59、23.13/9.67 和 19.19/10.94，且最大的工程变更金额为 55.25 万元（S_1，$T＝5/10$），最小的工程变更金额为－0.84 万元（S_3，$T＝7$），这种趋势明确展示了项目风险水平对工程变更金额具有相关性，对工程变更金额

具有显著影响，因此管理人员的管理水平与偶发风险因素是项目工程变更的重要影响因子。然而，项目建设前期（$T = [0，4]$）存在一个特殊现象：项目风险水平是 $S_1 > S_2 > S_3$，但工程变更金额为 $S_2 > S_1$ 或 $S_3 > S_1$（$T = 2$，$S_3 > S_1$；$T = 4$，$S_2 > S_3 > S_1$）。这种现象存在三种可能的解释：首先，项目早期阶段的设计修改和调整成本相对较低，导致本阶段的项目风险水平与工程变更金额的相关性并不显著；其次，工程变更金额可能受到风险识别和管理策略的影响，更早识别和更快处理可以有效降低工程变更金额；最后，资源的分配和使用方式也可能影响项目风险水平。当投入更多的资源，风险水平可能会提高，但资源的充足会使变更更顺畅。

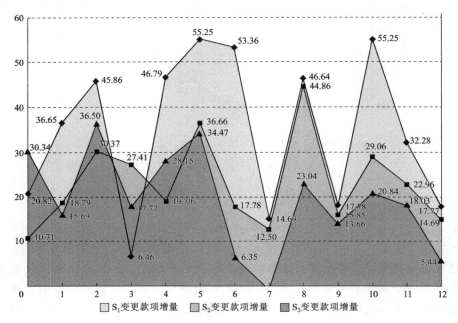

图 2-4　不同情景下 EC 增量的比较分析

　　基于图 2-4，进一步分析"工程变更金额"和"资金储备"的累积情况，得仿真结果如图 2-5 和图 2-6 所示。图 2-5 表示工程变更金额持续增长的累积过程，柱状图中的工程变更金额（中间色）取于三种情形下的数据均值。在项目早期阶段（$T = [0，6]$），工程变更金额累积呈现 $S_1 > S_3 > S_2$ 的趋势，进一步地，S_2、S_3 在 $T = [7，8]$ 的时间区间内相交，最后，S_2 逐渐赶超 S_3，最终形成 $S_1 > S_2 > S_3$ 的顺序。结合图 2-4 可知，$T = 7$ 时 S_3 的工程变更金额为负值，致使工程变更金额的累积速度放缓，有助于缓解资金链压力。从资金储备视角来看（图 2-6），在 $T = [0，7]$ 的时段内，资金储备累积值为负（斜率<0），说明该时段的资金供需存在不匹配性，即资金抗风险能力偏低，项目决策者需要重视与防范偶发风险因素，同时增加项目风险储备金，以抵抗工程变更带来的不良影响。工程变更对项目总建造成本产生负面影响，考虑资金的时间价值，假定行业投资回报率为 10%，当工程变更价款达到合同价的 8.28% 时，该项目资金将达收支平衡，即承包商期望将 8.28% 作为项目的代表性变更水平。

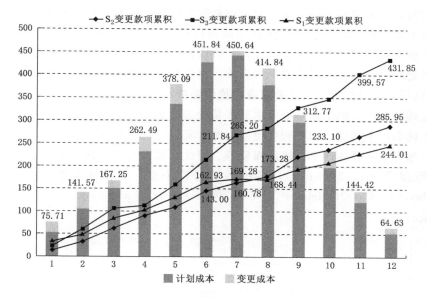

图 2-5　工程变更金额累积情况

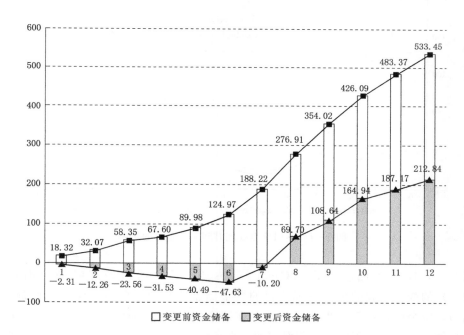

图 2-6　资金储备的累积情况

2.4.4　敏感性分析

在本书提出的工程变更下资金流价值运动系统模型中，资金储备的差额水平是约束项目资金调节的主要条件。为维护系统稳定性，决策者需要准确识别并针对性地改进影响资金价值形态的主控因素。因此，本节将对主控因素进行敏感性分析，在对某一个参数进行敏感性分析时，其他参数保持不变，通过调整改变待分析的参数值以确定对系统资金储备的影响。由上述可知，减轻项目的潜在风险可以作为调整资金储备的策略之一。项目规模、管理经验和技术复杂性等要素已在初始阶段设定，属于事前的控制措施，因此，进一步考虑延迟处理时间和项目风险水平的影响，以提升优化资金储备。

2.4.4.1　延迟处理时间变动对资金储备的价值影响

延迟处理时间指识别工程变更请求到决策处理之间的时间延迟，可能由于资源受限，信息流转不畅等因素造成，当工程变更发生时，延迟处理时间对资金流价值形态会产生重要的影响，如影响项目生产率、进度滞后等。因此，假设其他参数不变，选取延迟处理时间的变化范围为（1；3；5；7），其他参数保持不变，模拟四种情形，它们分别是 Case1@delay＝1、Case2@delay＝3、Case3@delay＝5、Case4@delay＝7，得到图 2－7 的仿真结果。

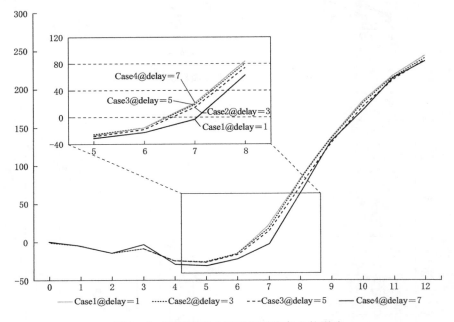

图 2－7　不同延迟处理时间对准备金的影响

图 2－7 描述了四种情况（Case1～Case4）下的延迟处理时间对时间（$T＝[0，12]$）的变化。我们可以发现项目的资金储备值分两个阶段，在负增长阶段（$T＝[0，7]$），资金储备值都呈现下降趋势，在这个阶段，Case4@deylay＝7 的下降幅度最大，而其他三种情况的下降趋势相对较缓。在正增长阶段（$T＝[8，12]$），资金储备值开始增加。Case1@deylay＝1 的增长速度最快，而 Case4@deylay＝7 的增长速度最慢。进一步的，Case4@deylay＝7 在项目中期的资金储备值远小于其他三种情况。项目的延迟处理时间对资金流的影响主要在三个方面：第一可能是产生额外的工程变更金额，增加资金流出；第二工期延误可能导致资金的拨付推迟，减少资金流入；第三，某些合同中的工期延误可能会有罚款条款。所以。延迟处理时间对项目资金流的价值运动形态产生非常大

的影响，可能导致原预算不足以支持项目完成，需要补充资金至资金储备库中。随着延迟处理时间的增加，资金供需平衡时间点将延后，并且越到后期，资金储备差额水平将越扩大。这对项目的持续进行是非常不利的。

2.4.4.2　项目风险水平与延迟处理时间变动对资金储备的价值影响

基于图2-7，进一步分析风险水平和延迟处理时间变更对资金储备累积值的影响。得到表示风险水平、延迟处理时间和资金储备关系三维曲面图，见图2-8。项目风险水平受多种因素的影响，即包括内部的，也包括外部的。如项目的规模，管理经验和偶发风险因素等。分析发现：随着延迟处理时间的增加，大多数风险水平下的资金储备呈现上升趋势；进一步的，对于低风险水平，资金储备在整个延迟处理时间范围内都相对稳定；最后，对于高风险水平，资金储备变化和延迟时间的关系更为复杂，表现不同的趋势和波动。从两方面进行解释，针对项目风险水平的影响，高风险水平意外项目更可能面临不可预测的变数，将涉及额外的成本、时间延误或资源需求，需要更大的资金储备来应对这些不确定性。低风险水平项目具有较高的稳定性，只需要较小规模的资金储备，但其重要性同样不容忽视。对于延迟处理时间的影响，延迟处理时间越长可能导致工程变更潜在风险的累积和雪球效应，使小问题逐渐扩大，增加整体的项目风险。风险累积及时响应可以减少累积的风险与成本，使资金储备可以更加精确地预测和分配。

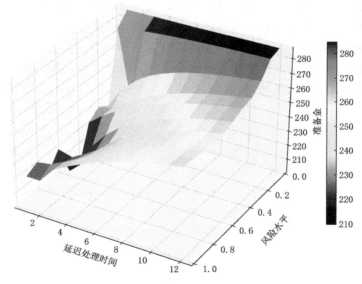

图2-8　不同延迟处理时间和风险水平对准备金的影响

2.5　本 章 小 结

本章介绍了一个由工程变更驱动的资金流价值运动系统动力学模型，旨在辅助不确定性环境下进行资金管理的决策。首先，基于工程变更视角分析资金网络的流动过程，厘清工程变更下的资金流循环反馈结构。接着，结合系统边界确定工程变更资金流系统动力流图，构建工程变更驱动的项目资金流的系统动力学模型，进一步地，引入 Monte Carlo 表征工时、台班变更等不确定性参数，将历史工程费用及节点状况作为变量纳入模型，测试模型可靠性。最后，通过构建不同变更场景对比分析资金流价值运动轨迹，揭示延迟处理时间和风险水平对资金储备水平的影响规律。主要研究结论如下：

（1）项目资金储备在不同工程变更情形下存在显著不同，尤其在资源投入上行期的资金偏离幅度较大。并且工程变更会对资金流产生冲击影响，进而导致资金流偏离原定的轨迹，且冲击效应具有持续作用，尤其涉及重大变更时更易引发资金流失衡现象。

（2）工程变更扰动下承包商在建设前期的风险压力明显大于中后期，即资金抗风险能力偏低，项目决策者需要重视与防范偶发风险因素，同时增加项目风险储备金，以抵抗工程变更带来的不良影响。

（3）延迟处理时间和风险水平是工程变更资金流系统中的重要影响因子。通过仿真实验与敏感性分析发现，随着延迟处理时间的缩减，项目风险水平的降低，承包商可以及时获得更多资金补偿，资金流更均衡流入承包商账户。从理论上来讲，资金流更易实现全局帕累托最优。

通过模拟工程变更下的资金流价值运动，能够准确反应不确定性下的资金流的变化趋势，找到资金储备的薄弱风险时期，帮助管理者提前做好资金的筹集和安排。在实际应用中，需要全面对影响工程变更指数的项目规模，偶发风险因素等指标进行更具体的分析，按照不同分类给出不同变量参数，这样就能在初步设计阶段预测和模拟工程变更下资金流动情况，对可能出现的资金瓶颈提前预警，从而帮助项目业主做好进度计划和资金安排。此外，这个模型可以作为一个变更决策的实验工具。通过模拟代表项目条件的不同参数组合，可以找到最大化资金价值的最优解。

第3章　大型水电工程资金支付风险测度与分析

3.1　引　　言

大型水电工程建设资金量大，资金来源广，参与方多，建设期长，施工过程复杂，外部环境风险高（乔祥利 等，2013），国际大型水电工程还涉及政治、人文、国际金融等额外影响因素（李伟，2012；梁国晖 等，2014；耿博文 等，2018；孙亚男，2018；杨增杰 等，2019），导致施工过程不确定性大，合同变更多，资金流出波动性强，这是造成支付风险第一重要方面。另外，一个重要方面是资金支付主体的支付行为受企业主观偏好影响大，尤其是缺少资金管理经验或者风险管控意识淡薄的企业。虽然政府出台了各项政策（国务院，2019；工业和信息化部政策法规司，2019），规范了工程资金的使用，国内支付情况已大有改观，但整个建筑市场仍是买方市场，发包商与承包商地位不对称，由支付方支付行为导致的资金流入不确定性是另外一个造成支付风险的方面（乔祥利 等，2013）。因此，应从资金流出和资金流入两个角度全面考虑大型水电工程资金支付风险。

根据工程支付的国内外研究综述可知，以往的研究较少涉及大型复杂工程的资金支付问题，对施工过程的多因素影响考虑不足，而且，目前相关研究缺少综合不确定性资金流出和流入的支付风险量化方法和模型，特别是国内研究，大多以经验性分析为主，面向水电工程的资金支付研究更少。因此，探索大型水电工程资金支付不仅可以丰富国内外工程支付研究理论，而且对工程承包商项目投标决策和资金管理具有十分重要的意义。为了提出更加全面的大型水电工程资金支付风险计算方法，给承包商提供更加准确的资金风险评估依据，本章针对大型水电工程资金支付特点，在分析其支付不确定性因素的基础上，定义大型水电工程资金支付风险，建立同时考虑不确定性资金流出和流入的支付风险计算模型。

当资金链"上游"的利益相关方，如业主、总承包商等，延期支付或少付工程进度款时，资金链"下游"利益相关方资金流入减少，这时他们会启用自有资金或贷款继续执行合同。当资金流入无法维持正常的资金流出时，工程费用支出超出了资金承受能力，利益相关方会选择停止施工或停止向其下属企业支付工程进度款。本章除了建立大型水电工程进度支付风险计算模型外，同时定性分析支付风险发生后的传播过程，为研究支付风险的传播特性奠定重要基础。

3.2　大型水电工程资金支付特点分析

为了避免大规模移民，大型水电工程一般建于偏远山区和高山峡谷地带，施工条件十分恶劣。为保证挡水、泄洪、水电站厂房、船闸等主体建筑物的兴建和水轮机、发电机等各种生产运行设备的运输安装，需要修建各项临时工程，包括施工交通工程、施工供电系统、施工供风系统、施工供水系统、施工通信工程、生活与办公营地建筑工程等，还会修建专门为工程服务的砂石料和混凝土生产系统。相比于其他大型复杂工程（例如：大型房建、公路、桥梁等），大型水电工程包含了一个庞大的建筑群，建筑物类型更加丰富，涉及专业更加广泛（曹凤勇，2017）。

为了降低工程建设复杂性，保证工程顺利完工，业主或者总承包商会将一个大型水电工程划分为不同标段，招标相应专业的承包商承包施工。承包商为了提高市场劳动力流动性，减小企业管理难度和运营成本，会进一步招标专业劳务分包商和材料供应商。由此可见，一个大型水电工程涉及大量不同专业背景、不同企业类型、不同企业级别的利益相关方，不仅数量繁多，而且专业种类十分丰富，例如，三峡工程仅一期、二期阶段的主体工程合同数量近 400 项（贺恭 等，2001），小浪底工程建设合同主体来自 50 多个国家（范林军，2010）。同时，在大型水电工程施工期间，利益相关方相对集中，彼此之间的相关关系紧密，而大型铁路、公路、桥梁等利益相关方大多呈线性分布，不同标段之间的相互影响较小。综上所述，大型水电工程资金支付过程涉及利益相关方多，而且关系紧密，存在相互影响，某一利益相关方的内部风险极易影响到其他利益相关方。

由于大型水电工程施工复杂度高，建设期长，影响因素多等特征，导致其资金支付具有较大的不确定性。一方面，受市场、政策、金融、国际环境、社会环境、自然环境、施工主体等方面的影响，资金支出具有较高的不确定性，例如，市场变化导致的人工费、材料费、机械费等价格上涨，复杂自然环境导致的工程量变化，施工主体本身管理和履约能力导致的资金支付变化；另一方面，由于各企业的资金储备、运行及管理能力、风险承受能力、诚信程度等自身特性不同，加之发包商与承包商之间的地位及信息不对称，发包商的支付情况依赖于企业自身属性和偏好，其决策行为具有一定的不确定性。

3.3　资金支付不确定性分析

由大型水电工程资金支付特点分析可知，工程资金流入和流出均具有不确定性，特别是资金流出的不确定性，受施工期长、技术复杂、设计变更多、市场环境波动以及自然环境恶劣等风险因素影响，工程单价和工程量均无法准确预测。而资金流入不确定性主要来源于发包商支付行为的主观性，同时也受承包商自身因素影响。本节将对大型水电工程的资金流出和流入不确定性进行深入定性分析。

3.3.1　资金流出不确定性因素

（1）建设期长，价格不确定性大。大型水电工程建设期一般在 5 年以上，甚至十几年，在开工前，为了避免建设期内价格涨幅过大，水电工程概算会以静态投资为基础，设定价差预备费，降低因通货膨胀导致的超概风险。但在建设期内，市场的波动仍然难以准确预测，人工、材料、机械单价上涨和下跌均具有极大的不确定性，价格的不确定性直接关系着承包商人工费、材料费、机械费等资金流出不确定性。特别是对于签订固定总价合同的承包商而言，价格波动引发的成本支付风险更大，如果在投标前未能充分考虑价格不确定性因素，极有可能加大施工过程中成本控制难度，严重时会造成承包项目亏损。例如，材料费是工程成本构成中一个重要组成部分，一般占比为 60%～70%（宋洪兰，2010）；在 2017 年 11 月，由于建筑材料大幅上涨，中国安徽省建筑企业损失超过 60 亿元人民币，最终导致省内项目大规模停工。境外水电工程还涉及汇率、利率、东道主国家通货膨胀、经济政策变化等风险因素，国际工程中的价格不确定性体现更加明显，承包商在建设工程过程中的资金流出更加难以预测。

（2）低价中标，忽略价格涨幅。目前的建筑市场仍然是买方市场，承包商的竞争极为激烈，导致发包商与承包商之间地位不平等。承包商为了能够承接项目，追求一定公司业绩，没有充分考虑市场价格涨幅，以低价中标。但合同签订之后，项目开始进行实际施工，过低的合同单价根本无法维持正常成本费用支出，资金流出越多，工程成本亏损越大，更糟糕的是低价合同无法抵御市场价格波动的风险，从而为企业带来了极大的挑战。

（3）施工条件复杂，特别是地质条件，导致设计变更多，工程量变化大。水电工程一般位于偏远地区，地质和地形条件复杂，从而使得工程量难以准确预测。例如，杨房沟水电站项目的成本风险大部分来源于与地质相关的项目，危岩处理、地质缺陷处理造成了实际工程量与投标阶段工程量之间的差异，增加了人工、机械以及材料的资金投入（陈雁高等，2018）。水电工程容易遭遇洪水、泥石流、滑坡等自然灾害，被破坏的已建工程需要重新修建，增加了工程量（田振兴，2018）。另外，当遇到实际施工情况与设计不符时，需要进行设计变更，大型水电工程施工工序多，设计变更相比于其他工程更频繁，而且大型工程的变更对资金使用影响更大。发包商一般按照完工量进行结算，这些不确定性因素诱发的工程量变化决定了资金流出的不确定性。

（4）分包商履约能力有限，现场管理难度大。目前为了减少企业的人力管理成本，承包商会采取劳务分包的方式招标一些分包队伍进场施工，这样可以节省企业自己培养劳工队伍的成本。但是，临时引入的劳务分包商虽然具备相应资质，但缺少企业专业培训，安全意识淡薄，无法与承包商形成融洽的配合，施工效率难以把控，增加了承包商现场管理难度，加大了工程施工安全、进度、质量返工的风险。

（5）缺少管理经验，成本管控不严格。对于一些非承包商引发的工程费用支出。例如：现场条件与设计不符、设计变更等导致的工程量增加，由于缺少合同索赔经验，无法获取非自身承担的成本支出补偿；部分承包商资金管理和索赔意识淡薄，资金支付程序不规范、不严谨，将不该支付的工程费用也支付出去，增加了工程资金支付比例，可以进行索赔的支出未能成功索赔，降低了承包项目的利润。另外，也存在承包商资金支付计划安排不合理，降低了资金使用效率，导致中后期资金匮乏。

3.3.2 资金流入不确定性因素

资金流入的不确定性主要来源于支付方的不确定性支付行为。大型水电工程资金来源于财政性资金、银团贷款、自有资金等，其中财政资金和银团资金占比大。当这两部分资金进入项目后，资金的运作完全由投资方支配，而且大型水电工程建设金额庞大，涉及支付笔数太多，支付过程难以实施准确监管，因此，资金支付受支付方主观行为影响大。若支付方的支付行为规范，支付信誉良好，按照承包商呈报的工程量进行按期按量结算，则资金流入不确定性较小，承包商可以较为准确地预测资金流入。然而，当支付方资金准备不充足、融资效益较低、不愿自身承担资金风险，甚至不守诚信时，发包商容易利用自己的优势地位，对承包商呈报的工程计量资料吹毛求疵，故意延长结算周期、延期支付或者少付工程资金，将资金风险转移给承包商，这时资金流入则具有较大不确定性。除了支付方的主观行为外，承包商自身也会诱发资金流入不确定性。例如，施工项目人员流动性较大，可能存在新入职的员工对工作不熟悉，呈报给发包商的结算资料不完备，从而导致结算期延长，同时也存在员工对变更索赔工作不了解，导致索赔失败，资金流入减少。

3.4　资金支付风险定义

由上述分析可知，大型水电工程施工过程的资金流入和流出均具有较大不确定性，而且相比于其他工程，大型水电工程资金流出的不确定性更加明显。将资金流入与流出叠加便可以得到净资金流量，支付过程中的累计净资金流量是项目资金流的一种综合评价指标，该指标能够反映进度款从起始支付节点到当前支付节点的项目资金运营情况。由于支付方会扣留一部分质量保证金，而且预付款也会被逐渐扣回，加之水电工程成本支出不确定性大，因此施工高峰期时，累计净资金流很容易产生负值。承包商具备自有资金，还可以向银行贷款，一般可以承受不多的累计负资金流，然而，当负资金流累计过多，也就是资金流出远大于资金流入，超过了承包商企业自身的资金承受能力时，承包商可能会因亏损太多，无法实现资金回笼，而选择停工或者延期支付隶属分包商和供应商的工程资金，严重时会造成合同破裂、项目失败、企业破产。

本书从承包商的角度，充分考虑大型水电工程施工特点，兼顾资金流入和资金流出的不确定性，给出承包商的资金支付风险定义：由于支付方未按期支付或者少付工程进度款，导致被支付方的累计负资金流超过其资金承受能力从而亏损的概率及后果，其中风险率 R 计算如下：

$$R = P(N_{\max} > NF) \tag{3-1}$$

式中：$N_{\max}$ 为在合同工期内出现的最大累计负资金流，由资金流出和资金流入共同确定；NF 为承包商的资金承受能力。资金支付风险率即为资金流出大于资金流入产生的累计负资金流超过承包商资金承受能力的概率，支付风险发生的后果为承包商采取停工、继续传播支付风险、合同破裂等行为。

3.5　资金支付风险测度模型

工程支付包括单价合同支付、总价合同支付、成本加酬金合同支付等多种方式，不同的支付方式适用于不同类型的项目，虽然各种支付方式具有各自的特点，但均是阶段性支付，只是阶段划分模式不同，本节将建立适用于不同支付方式的资金支付风险测度模型。

3.5.1 考虑不确定性的资金流出计算

在表征不确定性资金流出之前，需确定固定的资金支付参数，包括工程预付款及其扣回与质量保证金及其扣回。工程预付款是业主为了保证承包商前期正常施工，提前预先支付的工程资金。根据国家规定，工程预付款需及时支付到位，以确保工程正常开工和运行（国务院，2019）。另外，工程预付款的支付发生在施工前，不受施工的不确定性因素影响，而且随着工程的进行，工程预付款和质量保证金会按期扣回，对于资金的回流，业主一般会按照规定执行。因此，这两种主要的资金支付参数一般按照合同约定执行，本书不考虑其不确定性。

工程实施之前发包商与承包商会根据施工进度计划和施工预算，联合确定工程资金支付计划。在此基础上，便可以预测每次扣回的金额。按照《2010 年版水电工程施工招标和合同文件示范文本（上册）》，预付款累计扣除规则见式（3-2），基于此便可计算 t 时间预付款的扣回 PA_t。质量保证金按照等额 QA_t 扣除，竣工验收合格后一次性返回给施工单位。即

$$PAC = \frac{AC}{(F_2 - F_1)TC}(TCP - TCF_1) \tag{3-2}$$

式中：PAC 为预付款累计扣回金额；AC 为预付款总额，由预付款比例 A 乘以合同总金额 TC 得到；F_1 为起扣比例，具体表示开始扣预付款时合同累计完成金额达到签约合同价的比例；F_2 为扣清比例，具体表示全部扣清预付款时合同累计完成金额达到合同价的比例；F_1，F_2 均根据合同或招标文本确定；TCP 为扣除预付款时的合同累计完成金额。

我国水电行业开展工程造价估计时，首先将整个工程划分为多个单位工程，再将每个单位工程按照工程性质、部位划分为若干个分部分项工程。各分部分项工程的造价由工程量乘以相应的工程单价得到，而工程单价是由人工、材料、机械的定额消耗量和市场单价确定（水电水利规划设计总院和可再生能源定额站，2016）。定额消耗量由相应的定额规范确定，因此，工程施工成本取决于工程量和人、材、机的市场单价（Singal et al.，2010）。

相比于其他工程，大型水电工程建设期长，一般跨越 5~10 年，甚至十几年。建设期间的价格波动是工程施工成本的重要风险因素之一，一方面，它将直接影响人工、材料、机械的市场价格；另一方面，大型水电工程施工环境复杂，受地质、地形、水文、气象、气候以及施工技术等各个方面影响，这些不确定性环境因素直接导致工程量的极大不确定性。综上所述，本书主要考虑价格波动和工程量变化导致的工程施工成本增加或减少。不确定性工程施工成本分摊到每个资金支付周期，即为不确定性资金流出。

3.5.1.1 单价波动影响的资金流出

依据水电工程资金流出不确定性分析可知，影响价格的不确定性因素包括投标报价、利息变化、通货膨胀、外汇风险等。本研究利用多年综合价格指数，计算其平均增长率，然后预测建设期内的单价变化，同时考虑不确定性波动特征。开工后第 t 时间的工程综合价格指数 r'_t 计算如下：

$$r'_t = r_t + \varepsilon_t \tag{3-3}$$

式中：r_t 为未考虑不确定性的工程综合价格指数；ε_t 为第 t 时间的随机波动系数。考虑

工程的唯一性和独特性，在缺少历史数据条件下，可将 ε_t 设定为服从均匀分布 $U(-\alpha r_t, \alpha r_t)$，以方便计算，$\alpha$ 为浮动范围。

在物价波动影响下第 t 时间的资金流出 C_{1t} 计算如下：

$$C_{1t} = r'_t C_t \tag{3-4}$$

式中：C_t 为第 t 时间的工程计划支付款。

3.5.1.2　工程量变化影响的资金流出

由于工程量的变化受地质地形、水文、气象、气候以及施工技术等各种因素影响，而且难以从历史数据中分析出它对工程成本的影响规律。因此，采用专家三值估计的主观方法与 Monte Carlo 仿真方法相结合，模拟考虑工程量变化影响下第 t 时间的资金流出 C_{2t}。

首先，根据专家经验得出各分部分项工程的最乐观工程估价、最可能工程估价以及最悲观工程估价，该三值表示工程成本的变化范围。基于专家三值估计，拟定随机工程成本服从的概率密度函数，工程成本期望值 E 和标准差 σ 计算如下：

$$E(C_{n2}) = \frac{C^a_{n2} + 4C_{n2} + C^b_{n2}}{6} \tag{3-5}$$

$$S^2(C_{n2}) = \left(\frac{C^a_{n2} - C^b_{n2}}{6}\right)^2 \tag{3-6}$$

式中：C^a_{n2}、C_{n2}、C^b_{n2} 分别为专家给出的第 n 个分部分项工程成本三值估计值，C^a_{n2} 为最乐观值，C_{n2} 为最可能值，即工程预算，C^b_{n2} 为最悲观值；$E(C_{n2})$ 为第 n 个分部分项工程成本期望；$S^2(C_{n2})$ 为第 n 个分部分项工程成本方差。

确定随机工程成本服从的概率密度函数是 Monte Carlo 模拟仿真的重要前提，一些学者已经对工程成本的不确定性展开了相关研究。Moder et al.（1983）将中心极值定理（CLT）运用于 PERT 网络计算中，得出当工程划分的分部分项工程数量大于 4 时其工程成本服从正态分布。Flyvbjerg（2007）和 Touran（2010）研究得出当一个复杂系统的多个组成部分之间相互独立且数量足够大时，整个复杂系统的成本服从正态分布。大型水电工程工序繁多，分部分项工程量足够大且远远超过 4，因此，其工程成本概率密度函数服从正态分布，即 $C_2 \sim N\{\sum_n E(C_{n2}), \sum_n [S(C_{n2})]^2\}$。

然后，基于工程成本概率密度函数，通过 Monte Carlo 技术，仿真生成一个随机性工程成本 C_2 后，将其按照资金支付计划分配到每个支付时间段，计算如式（3-7），得到第 t 时间的资金流出 C_{2t}。

$$C_{2t} = C_2 \frac{C_t}{\sum_{t=1}^{T} C_t} \tag{3-7}$$

式中：C_{2t} 为工程量变化影响下的资金流出；C_2 为随机性工程成本；C_t 为第 t 时间的工程计划支付款。

结合物价波动和工程量变化影响下第 t 时间的工程成本 C_{1t} 和 C_{2t}，综合计算第 t 时间的资金流出 $CO_t = C_{1t} + C_{2t} - C_t$，则 t 时间内的累计资金流出为 $COC_t = \sum_t CO_t$。

3.5.2　考虑不确定性的资金流入计算

承包商的资金流入依赖于发包商的资金支付，发包商依据承包商定期完工量支付工程进度款，并扣除相应的预付款和质量保证金。因此，承包商的资金流入主要由工程预付款、质量保证金以及完成量等三个要素决定。在 3.5.1 节中已经阐明了工程预付款的支付与扣回、质量保证金的支付与扣回。由分析可知，预付款与质量保证金的支付与扣回不受施工过程不确定性因素影响，承包商资金流入的不确定性主要由发包商的资金状态是否正常、支付行为是否妥当、资金支付计划制定是否合理、施工进度与支付计划是否匹配以及承包商的定期结算程序是否顺利等多方面因素决定，其具体体现在资金流入金额的不确定性和支付时间点的不确定性。发包商虽然按照约定时间节点支付工程进度款，但实际支付金额与支付计划不一致，这种情况为资金流入金额的不确定性。发包商延期支付工程进度款，这种情况为资金流入时间点的不确定性，如何同时表征这两种不确定性是本节的重要研究内容。

发包商根据承包商上报的完工量支付进度款，因此，发包商的应付进度款由预付款扣回、质量保证金扣回以及承包商的资金流出等确定。基于考虑不确定性的资金流出，确定开工后 t 时间内的累计应付资金流入 CIA_t：

$$CIA_t = \sum_t \left[(1+pro)CO_t - PA_t - QA_t \right] \qquad (3-8)$$

式中：pro 为建设利润率；PA_t 为预付款扣回；QA_t 为质量保证金扣回；CO_t 为承包商的资金流出。

然而，实际的资金流入，即发包商实付工程资金，受多因素综合影响，包括资金流入金额与流入时间点的不确定性。利用支付波动系数与平均资金流入综合表征，开工后第 t 时间的平均资金流入 AM 为

$$AM = \frac{TC - \sum_{t=1}^{T} PA_t - \sum_{t=1}^{T} QA_t}{T} \qquad (3-9)$$

式中：TC 为合同总金额；T 为合同总工期。

结合支付波动系数与平均资金流入，仿真产生随机性累计资金流入 CIB_t。支付波动系数 IR 在 0～1 波动，也有可能超过 1。当支付波动系数为 0 时，表示第 t 时间发包商未支付进度款；当介于 0～1 时，表示发包商未支付足额的工程进度款；当大于 1 时，表示发包商预付或弥补工程进度款。支付波动系数由概率密度函数产生，该概率密度函数取决于发包商的支付行为习惯，从支付历史数据中获取，则第 t 时间的资金流入 CI_t 为

$$CI_t = IR_t \times AM \qquad (3-10)$$

式中：IR_t 为第 t 时间的支付波动系数；AM 为平均资金流入。

根据随机资金流入可以得到累计随机性资金流入 CIB_t 为

$$CIB_t = \sum_t CI_t \qquad (3-11)$$

根据累计应付资金流入与累计随机性资金流入，对比得到累计实付资金流入。若仿真的累计随机性资金流入 CIB_t 小于累计应付资金流入 CIA_t，表示仿真的实际资金流入无法满足资金流出，则 t 个时间内的累计实付资金流入 $CIC_t = CIB_t$；若仿真的累计随机性资金流入 CIB_t 大于等于累计应付资金流入 CIA_t，表示 t 时间点之前无论是否存在延期支付或者支付资金不足，均弥补了之前拖欠工程款，则 t 个时间内的累计实付资金流入 $CIC_t = CIA_t$。t 时间内的累计实付资金流入 CIC_t 的表达式为

$$CIC_t = \min\{CIA_t, CIB_t\} \qquad (3-12)$$

最后少付的资金在完工时一次性返回。

3.5.3 资金流入与流出叠加计算风险率

根据累计资金流入与累计资金流出，便可计算累计净资金流量，该指标是承包商判断工程项目盈亏的重要参数，其计算如下：

$$N_t = CIC_t - COC_t \tag{3-13}$$

式中：N_t 为 t 时间内的累计净资金流；COC_t 为 t 时间内的累计资金流出和 CIC_t 为 t 时间内的累计实付资金流入。

由于预付款与质量保证金的扣回，一段时间内工程项目的资金流出大于资金流入是正常现象，承包商的自有资金、银行贷款以及集团公司的备用资金能够保证工程项目的正常施工。但是，当负资金流超过了承包商的资金承受能力时，承包商将无法承担资金流出，施工企业亏损运营，资金支付风险发生。此时承包商可以做出停工的决策，如果继续垫资施工，亏损将加剧，甚至导致企业破产。若承包商下存在多个分包商，则会采取转移风险的方式，将支付风险传播给分包商，或者与分包商共担风险。根据资金支付风险的定义，将其表征为：

$$R = \frac{n\{N_{\max} > NF\}}{N} \tag{3-14}$$

式中：R 为资金支付风险；$N_{\max}$ 为合同工期 T 内出现的最大累计负资金流，$N_{\max} = \max\{N_t\}$，该式表明资金支付风险发生于最大累计负资金流的时间点；NF 为承包商企业的资金承受能力。由于资金的流入与流出均考虑了不确定性，可通过 Monte Carlo 模拟，仿真 N 次资金运行情况，即可获取 N 个最大累计负资金流的数据。统计 N 次模拟仿真中最大累计负资金流超过企业资金承受能力的次数 $n\{N_{\max} > NF\}$，便可以计算出 R。

为了便于查看模型中各符号的含义，集中给出其符号说明，见表3-1。

表 3-1 资金支付风险测度模型中的符号含义

符号	符号含义	符号	符号含义
PAC	预付款累计扣回金额	C_{n2}	专家给出的第 n 个分部分项工程成本支出最可能值
AC	预付款总额		
F_1	预付款起扣比例	C_{n2}^b	专家给出的第 n 个分部分项工程成本支出最悲观值
F_2	预付款扣清比例		
TCP	扣除预付款时的合同累计完成金额	$E(C_{n2})$	第 n 个分部分项工程成本期望
r_t	未考虑不确定性的工程综合价格指数	$S^2(C_{n2})$	第 n 个分部分项工程成本方差
ε_t	第 t 时间的随机波动系数	CO_t	第 t 时间的资金流出
C_{1t}	物价波动影响下第 t 时间的资金流出	COC_t	t 时间内的累计资金流出
C_t	第 t 时间的工程计划支付款	CIC_t	t 时间内的累计实付资金流入
C_{2t}	工程量变化影响下第 t 时间的资金流出	PA_t	第 t 时间预付款的扣回
C_2	随机性工程成本	QA_t	第 t 时间质量保证金按照等额扣除
C_{n2}^a	专家给出的第 n 个分部分项工程成本支出最乐观值	pro	建设利润率
		AM	平均资金流入

符号	符 号 含 义	符号	符 号 含 义
TC	合同总金额	CIA_t	累计应付资金流入
T	合同总工期	N_t	t 时间内的累计净资金流
IRt	第 t 时间的支付波动系数	R	资金支付风险
AM	平均资金流入	$N_{\max}$	合同工期内出现的最大累计负资金流
CIB_t	累计随机性资金流入		

3.5.4 资金支付风险仿真

基于资金支付风险计算步骤，运用 Monte Carlo 技术，拟定其模拟仿真计算流程，如图 3 - 1 所示。

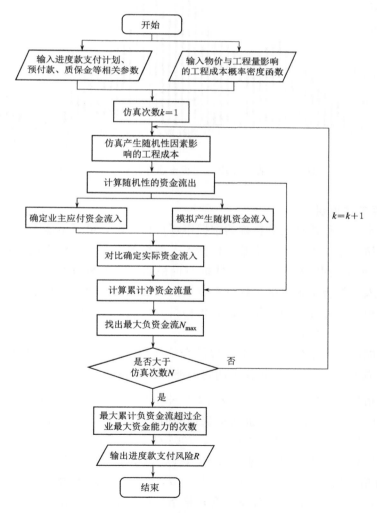

图 3 - 1 资金支付风险模拟仿真流程图

41

3.5.5　实例分析

以国内某大型水电 EPC 工程为例，该工程总装机容量 $3 \times 80MW$，最大坝高 154m，总库容 5.4 亿/m³，总工期 56 个月，建设期为 2005—2010 年。主要土建工程包括混凝土面板堆石坝体、导流工程、溢洪道工程、防空洞工程、电站进水口、引水隧洞工程、压力管道工程、厂房工程、施工交通工程、辅助建筑工程等。该水电工程按月支付工程进度款，其支付计划如图 3-2 所示（宋洪兰，2010；刘东海 等，2012）。

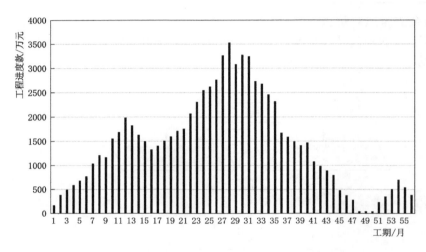

图 3-2　某水电 EPC 工程土建部分资金支付计划

3.5.5.1　计算参数说明

为了帮助水电工程造价人员精确的掌握市场价格动态，可再生能源（水电、风电、潮汐发电）定额站公布了各项价格指数，包括人工费指数、主要材料指数（水泥、钢筋、钢材、油料等）、施工用电指数、施工机械折旧价格指数以及管理型费用价格指数。同时，为了方便造价人员综合了解水电工程分部分项工程的造价变化，可再生能源工程造价信息网公布了不同地区各分部分项工程的综合价格指数，表 3-2 是 2018 年下半年部分地区水电建筑及设备安装工程价格指数。

从可再生能源定额站公布的水电工程综合价格指数中选取 2002—2004 年的数据，见表 3-3，用于预测 2005—2010 年施工期间的综合价格指数。由表 3-3 可知，2002—2004年的综合价格指数平均增长 4.91%（该指数 $= \sqrt[3]{1.1548/1} - 1$）。基于此，以 2004 年为基准年，计算 2005—2010 年的综合价格指数预测值，见表 3-4，其中一年中每个月的综合价格指数相同。以预测 2005 年、2006 年、2007 年三年为例，说明综合价格指数预测方法。由于 2004 年为基准年且平均增长 4.91%，则 2005 年的综合价格指数为 1.0491，2006 年综合价格指数为 $1.0491 \times 1.0491 = 1.1007$，2007 年综合价格指数 $1.0491 \times 1.1007 = 1.1548$。另外，本研究中 α 用于计算综合价格指数的不确定性波动范围，咨询专家后将 α 取值为 10%。

表 3-2　　　　2018 年下半年部分地区水电建筑及设备安装工程价格指数

类　　型			行业综合	地　区　指　数			
				东北	华北	西北	川渝
建安工程综合指数			1.2172	1.2318	1.2300	1.2247	1.2268
工程分类	建筑工程	当地材料坝	1.2167	1.2311	1.2277	1.2250	1.2249
		混凝土坝工程	1.2322	1.2498	1.2487	1.2394	1.2443
	设备安装工程		1.0917	1.0821	1.0848	1.0955	1.0890
分部分项工程	建筑工程	土方开挖工程	1.1941	1.2127	1.1949	1.2050	1.1923
		石方开挖工程	1.1174	1.1255	1.1159	1.1258	1.1153
		土石方填筑工程	1.1551	1.1669	1.1548	1.1652	1.1526
		砌石工程	1.1499	1.1616	1.1635	1.1545	1.1563
		混凝土工程	1.1525	1.1842	1.1811	1.1543	1.1668
		基础处理工程	1.1203	1.1371	1.1343	1.1240	1.1279
		钢筋制安工程	1.5267	1.5199	1.5319	1.5451	1.5479
		锚固工程	1.2330	1.2483	1.2482	1.2422	1.2416
	设备安装工程	水力机械安装工程	1.1028	1.0907	1.0966	1.1055	1.1006
		电气设备安装工程	1.0722	1.0622	1.0662	1.0772	1.0685
		起重设备安装工程	1.1196	1.1119	1.1144	1.1237	1.1174
		闸门及压力管道安装工程	1.0918	1.0839	1.0839	1.0957	1.0893

注　定基指数以 2015 年下半年为基数 1。

表 3-3　　　　2001—2004 年水电工程综合价格指数

年　　份	2001	2002	2003	2004
综合价格指数	1.0000	1.0170	1.0799	1.1548

表 3-4　　　　2005—2010 年水电工程综合价格指数预测数据

年　　份	2005	2006	2007	2008	2009	2010
综合价格指数	1.0491	1.1007	1.1548	1.2115	1.2711	1.3336

　　参考刘东海、宋洪兰（2012）研究的案例基础数据，其研究成果中呈现了专家对该水电 EPC 工程土建各分部分项工程成本的三值评估。根据式（3-5）和式（3-6），计算得到工程成本的概率密度函数服从正态分布 E（809.5201，1.0049^2）。

　　假定工程预付款比例为合同金额的 10%，并在开工前支付给总承包商，当累计合同金额达到总金额的 20% 时开始扣回预付款，90% 时扣完预付款。质量保证金按照每月进度款的 3% 等额扣除。同时设定支付波动系数的概率密度函数服从正态分布 E（1.2000，0.4500^2）。

3.5.5.2　资金支付风险仿真计算结果

　　基于 MATLAB 仿真平台，输入设定的仿真计算参数，计算资金支付风险率，并输出风险仿真结果图。如图 3-3 所示是模拟仿真生成 3 种情况累计资金流量曲线：第一种是无负资金流曲线，是承包商最理想的资金流情况，施工工程中一直处于盈利状态；第二种是可接受的资金流情况，由于业主延期支付或承包商成本管理失误等问题，虽然一段时间内垫付了部分自有资金，但企业自身能够承受，最终顺利完工，项目盈利；第三种是不接受的资金流情况，由于业主的严重拖欠进度款或承包商的成本管理严重失误，在第 35 个月时项目无法继续进行，之后的曲线部分是资金恢复正常后的情况。

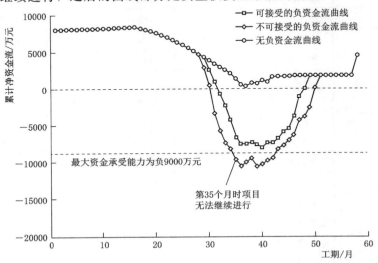

图 3-3　模拟仿真生成的 3 种累计资金流曲线

设定施工总承包企业能够承受的最大负资金流为 9000 万元，仿真次数 N 为 1000 次，正常施工条件下的支付风险模拟结果，如图 3-4 所示，图中每一条曲线表示仿真一次的累计净资金流曲线。统计每条曲线中出现最大负资金流的金额，并与 9000 万元相比，大于则表示风险事件发生一次，最终统计超过的次数，结合资金支付风险的定义，得出资金支付风险率为 23.10%。

3.5.5.3　结果分析与讨论

1. 最大负净资金流分析

按照仿真流程运行一次，1000 次仿真数据中存在 1000 个最大负净资金流值，统计其不同区间的出现次数，得到最大累计负净资金流的分布图，如图 3-5 所示。由此可推测出，最大负净资金流的概率密度函数近似服从正态分布 E （-63.3495，40.5247^2），如图 3-6、图 3-7 所示为概率密度与累计概率分布的曲线图。该正态分布概率密度函数的期望值为 -6334.95 万元，总承包商应准备 6334.95 万元的项目储备金应对支付风险，以及预防施工中的各项不确定性因素所导致的成本增加。

本研究提出的资金支付风险仿真计算方法不仅考虑了价格波动与工程量变化等不确定性资金流出对工程成本的影响，同时也考虑了资金流入的不确定性，对资金流"上游"发包商支付能力影响下的工程成本支出进行了动态分析，为施工过程的资金运作进行了风险预判，也为承包商投标风险评估提供了理论参考。

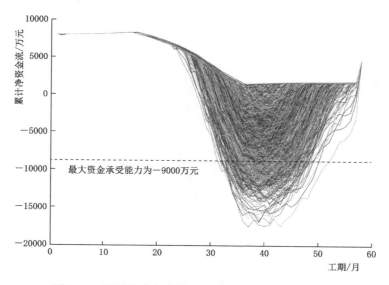

图 3-4　模拟仿真生成的 1000 条累计净资金流曲线图

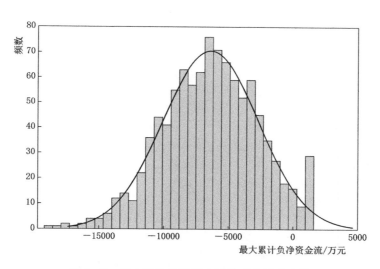

图 3-5　最大累计负净资金流仿真统计分布图

2. 最大资金风险承受能力对支付风险的影响

由分析可知，承包商的最大资金风险承受能力是决定资金支付风险大小的关键因素之一，具体体现在企业对项目部的活动资金。项目预备费是为了防止负资金流的出现，上一节中以仿真期望值为标准制定了承包商预备费，但在此预备费条件下未发生支付风险的概率仅 50%。如何根据支付风险率制定更加保险的储备资金是本节需要讨论的内容，这需要分析最大资金风险能力对资金支付风险的影响，将该工程总承包商的 NF 从 2 亿元以步距 100 万元离散降低至 0，每降低一次便执行一轮 1000 次的资金支付风险仿真计算，得到 200 个 NF 所对应的 200 个 R，如图 3-8 所示。为了进一步表征 NF 与 R 之间的关

系，对其进行函数拟合，如图 3 - 9 所示，结果显示拟合函数符合高斯函数 $f(x)=$
$0.9176e^{-[(x+1.94)/74.96]^2}$。

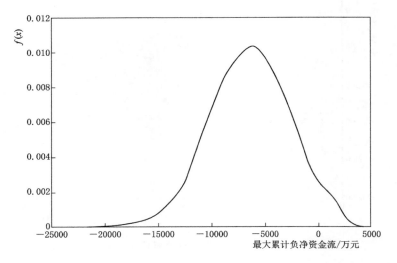

图 3 - 6　最大累计负净资金流的概率密度曲线

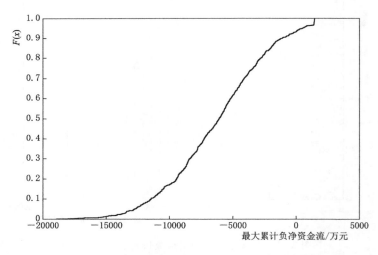

图 3 - 7　最大累计负净资金流的累计概率分布曲线

由图 3 - 9 可知，当总承包商的 NF 小于 1 亿元时 R 会迅速增加。结合之前对最大负
净资金流的分析，虽然 6334.95 万元是最有可能出现的最大负净资金流，但只当总承包
商的施工企业储备金大于 1 亿元时所承担的风险较小。因此，储备金取值范围在 6334.95
万～1 亿元较为合理，该区间的储备金既能保证较小的风险，也能以少储备金保证企业资
金流动性。项目储备金的具体确定取决于施工企业的风险偏好、工程对企业的重要程度、
业主与承包商的关系、企业承接项目期间的运行状态等各方面因素。如何进一步精确项目
储备金，需要考虑上述各方面因素以及实际情况。

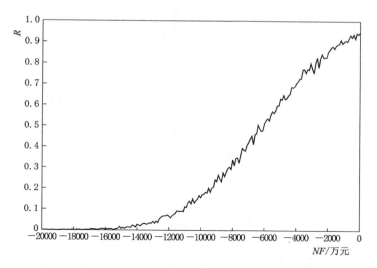

图 3-8　最大资金风险承受能力 NF 与资金支付风险 R 的对应关系

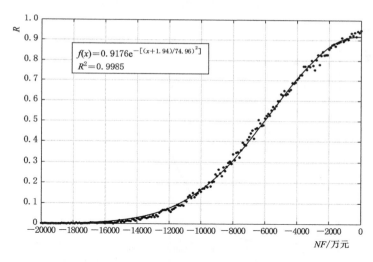

$$f(x) = 0.9176e^{-\left[(x+1.94)/74.96\right]^2}$$
$$R^2 = 0.9985$$

图 3-9　最大资金风险承受能力 NF 与资金支付风险 R 的拟合曲线

3. 支付波动系数分析

支付波动系数所服从的概率密度函数反映了支付方的支付行为，而每个企业的财务运营状况和项目融资各具特点，从而增加了支付波动系数概率密度函数选择的困难程度。上述分析将支付波动系数概率密度函数设定为正态分布，如果换做其他概率分布对结果影响如何，本节将对其展开探索。

设定 4 种具有相同均值和标准差的不同概率分布，分别是正态分布、对数正态分布、均匀分布、伽马分布，它们的均值与标准差分别为 0.95、0.1，将其概率密度函数绘制在一起，如图 3-10 所示。将这些概率分布分别代入资金支付风险计算仿真模型中，统计分析每种情况下最大累计负净资金流出现的累计概率分布，如图 3-11 所示。图 3-11 显示，不同支付波动系数概率密度函数下的最大累计负净资金流仿真数据差距很小，由此可知支付波动系数概率密度函数的选择几乎不影响最终资金支付风险的计算结果。

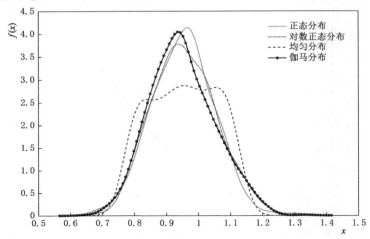

图 3-10　4 种不同的概率密度函数曲线

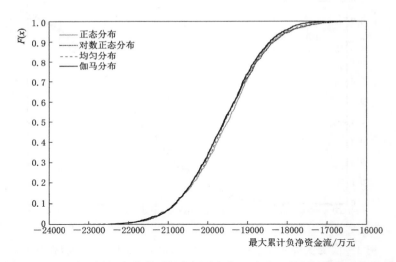

图 3-11　4 种不同概率分布下最大累计负资金流出现的累计概率分布曲线

3.6　资金支付风险发生后果分析

　　风险一般由风险发生概率和风险发生后果共同确定，前一节给出了大型水电工程资金支付风险发生概率计算方法，本节将对支付风险发生后的传播进行定性分析，为研究支付风险传播特性提供重要基础。

3.6.1　支付风险传播的要素分析

　　大型水电工程本身属于一个复杂系统，从系统论角度，支付风险的产生主体、传播主体以及传播媒介等集合可以视为大型水电工程的子系统，只有将该系统分解成组成要素，然后对不同要素进行深入分析，才能进一步了解系统内部运转机理和支付风险传播特性。因此，了解大型水电工程资金支付风险传播系统的组成要素是研究风险传播特性的重要前提。

学者们将风险传播系统分解为风险源、风险流、风险传播载体、风险传播路径等关键要素（夏喆 等，2006；沈俊 等，2007；叶厚元 等，2007；夏喆，2009；邓明然，2010；夏喆，2010）。风险源，即为风险传播源，是风险传播的根源，一般来源于外界因素或者系统内部因素；风险流，是风险对象所蕴含的能量，例如安全风险所蕴含的破坏能量。本书中支付风险所蕴含的是经济能量，风险流具有高度抽象性，不同于具体的车流、人群流、水流等；风险载体，由于风险流的高度抽象性，支付风险需要依附于一定的媒介才能进行传播，而承载风险的媒介即为风险载体；风险传播路径是风险传播所经过的途径和路径；风险阈值是风险开始传播的临界点，当风险流积累至一定程度并超过载体承受能力时，风险开始传播。本节将针对大型水电工程资金支付风险传播要素进行定性分析。

3.6.1.1　风险源

根据资金支付风险的定义可知，支付风险由不确定性资金流入和流出决定，导致资金流入和流出的风险因素即为支付风险传播的风险源。资金流出方面，大型水电工程特性所导致的工程单价波动大、工程量变化大、现场管理难度高等均是诱发资金流出不确定性的风险因素。资金流入方面，主要是由于大型水电工程资金来源多且金额巨大、支付过程难以实施精确监管、支付主体主观性较大，导致承包商资金流入不确定性高。由此可知，资金流出和流入两个方面的风险因素是支付风险发生和传播的源头。

3.6.1.2　风险流

学者们将风险视为一种流动性能量，这种能量蕴含在风险源中，受到外因或者内因扰动时，负面能量便会形成，当这种负面能量超过某功能节点或者主体的承受阈值时，负面流动性能量形成风险流，并依附于不同的风险载体进行传播和扩散（夏喆，2009；向鹏成 等，2014；万幼清 等，2015）。风险流随着传播过程可以增强，也可以衰减，最终影响整个系统的状态。与水流、电流、车流、人群流等不同，支付风险具有高度抽象性，没有具体的形态，本书利用风险概率大小间接表征支付风险流的大小，以便于量化支付风险传播。

3.6.1.3　风险载体

夏喆（2009）给出了风险载体的定义，蕴含在风险源中的风险流会依附于一些有形或者无形的事物，并随着时间被逐渐放大，承载风险流的这些有形或者无形的事物即为风险载体。本书主要考虑三种支付风险载体。第一种是资金载体，资金流入和流出导致支付风险的两种要素。支付方将自身无法承担的资金风险通过资金流入的方式转移给被支付方，导致被支付方资金流出不足，这些过程均与资金密切相关，资金支付风险的主要载体是工程资金。第二种是利益相关方载体，资金支付是由工程利益相关方完成，利益相关方的支付行为对资金流入和流出至关重要，另外，利益相关方的资金能力是决定能否承受支付风险的关键，两者均直接关系着支付风险的传播。第三种是无形载体，风险因素之间的因果

49

关系是风险传播的一种重要关系，但此种关系没有一种具体的载体，属于抽象关系，例如，支付风险→人工和机械闲置→进度延期→承包商亏损。这种无形的因果关系也承载着支付风险的传播效应。

3.6.1.4　风险传播路径

风险源受内外界因素影响形成的风险流，依附于风险载体，沿着一定途径、路线、渠道在系统内部进行传播，风险流传播所经过的途径、路线、渠道等被称为风险路径（夏喆，2009）。由于风险种类多种多样，而且风险载体种类繁多，风险路径具有多样性特征，例如施工安全监管不严导致的安全隐患或安全风险，此种风险是在具有监督关系的工程主体之间传播，其风险载体是施工方、监理、业主等工程主体，风险路径则为工程主体之间的监督关系，属于一种抽象、虚拟的风险传播路径；电网、输水管网等失效风险则是通过电路、管线等实体的风险路径产生级联失效。本书针对支付风险的特征，拟从两个方面提取该风险的传播路径，一方面是考虑支付风险仅发生在具有支付交易关系的利益相关方之间，由资金链"上游"利益相关方传播至"下游"利益相关方，而"下游"利益相关方的行为也可以影响"上游"利益相关方，支付风险传播路径为支付交易关系；另一方面是从风险因素的角度，通过历史案例分析，收集关于所有关于成本风险因素之间的因果关系，提取支付风险诱发其他风险的传播路径。

3.6.1.5　风险阈值

风险阈值是指风险流在风险节点中由量变发生质变的临界点，也指风险节点能够承受的风险最大值，风险突破其阈值后开始传播（万幼清 等，2015）。根据风险阈值的定义，当风险流积累到一定程度后才会开始传播，这与本研究中的支付风险定义一致，当累计负净资金流超过企业资金承受能力时，支付风险发生并开始传播，企业资金承受能力则是支付风险传播的风险阈值。确定大型水电工程资金支付风险传播过程的风险阈值难点在于涉及大量利益相关方，不同利益相关方抵抗风险的能力不同，收集数量如此繁多的参与方财务资料，工程量太过巨大，而且财务资料一般属于企业内部信息，难以获取。如何合理表征不同利益相关方的风险阈值，本书将在后面章节中重点阐述。

3.6.2　支付风险传播的影响分析

大型水电工程建设系统要素多，结构组成复杂，当业主、总承包商等"上游"利益相关方延期支付或少付工程进度款时，支付风险将如何影响参与工程施工的各利益相关方，本节通过定性分析的方式，从承包商的单方视角、工程参与方的多方视角、整体工程效益视角分别分析支付风险的传播影响，为后文揭示支付风险在承包商内部的传播、利益相关方之间的传播、工程目标影响提供重要基础。

3.6.2.1　单个利益相关方影响

当水电工程业主、总承包商延期支付或少付工程进度款时，首先受到影响的是执行不同标段的承包商。承包商为了保证工程进度，需要不断投入人工、材料、机械等费用，在缺少项目资金的情况下，承包商不得不垫付一定资金继续施工。因为如果没有按照合同约定按期完成工程量，支付方不会支付已完工的工程款。对于一些资金运营能力较强的承包商，例如国内的大型国企施工单位，自有资金充盈，而且可以利用企业良好的信誉优势向银行贷款，该类承包商抵抗支付风险的能力强，即支付风险阈值高，能够在缺少资金流入的条件下，继续施工一定时间。但对于一些资金能力较弱的承包商，例如民营企业，自有资金少，向银行贷款额度有限，缺少资金流入情况下，很容易造成企业亏损。无论承包商的资金能力强弱与否，支付风险均会对承包商产生一定影响。除了诱发承包商项目成本问题外，一段时间无法支付工人工资，工人情绪难以安抚，会出现工人罢工现象，从而影响企业形象。另外，缺少资金条件下，为了节约成本，一些工人安全防护设施会被减免，从而加大了施工事故发生的可能性，增加了施工安全风险。如何量化支付风险对承包商的影响问题，本书将在后文进行深入探索。

3.6.2.2 多个利益相关方影响

大型水电工程涉及大量具有不同专业背景的利益相关方，不仅数量众多、关系极为复杂，而且在不同项目管理模式下各方关系也不同，例如，DBB 模式与 EPC 模式的各方关系具有明显区别，DBB 模式中业主与大量承包商合作，但 EPC 模式中业主仅与一个总承包商合作。本书重点针对与支付风险密切关联的利益相关方支付交易关系展开研究。以DBB 模式为例，如果业主延期支付工程进度款，与业主具有支付交易关系的诸多承包商均有可能受到影响。由于不同承包商资金能力不同，支付风险承受能力也不同，他们会根据自身具体情况选择是否继续传播风险。对于自身资金能力有限的承包商，传播风险的可能性更大，而对于风险阈值较高的承包商，抵抗风险传播的可能性更大。如何研究支付风险发生后在大型水电工程众多利益相关方的传播行为和传播结果，本书将在后面章节中详细阐述。

3.6.2.3 工程目标影响

由于利益相关方是工程的直接执行者，当大量工程利益相关方受到支付风险影响时，工程进度、质量、成本、安全等效益目标均将受到影响。进度方面，若各标段承包商的资金流入无法维持其劳务分包商，现场工人会出现窝工，另外，支付风险也会导致承包商没有足够的资金购买施工材料和租赁施工机械，人工、材料、机械的延误将直接降低施工效率，导致工程延期。更重要的是大型水电工程不同于一般工程，其工期受汛期影响较大，若工期延误导致坝体高程无法达到预计拦洪高程，被迫采取过水或抢筑方案，会造成坝面停工和机组延迟发电。例如江坪河水电站由于业主没有按期支付工程资金，工程陷入停工，但上游围堰和导流洞设计年限只有一年，而且大坝主体未修建至挡水高程；如果工程被冲毁，不仅前期投资和已完工部分浪费，更会威胁到下游村庄和民众的安危，后果十分严重。由此可见，支付风险诱发的工程进度风险会进一步导致工程安全、质量、成本等诸多工程效益目标。因此，本书针对支付风险最直接的工程影响目标，重点选取工程进度效益视角，旨在探索支付风险传播对工程进度的影响机制，为控制支付风险诱发进度风险提供重要理论参考和依据。

3.7 本章小结

（1）本章首先通过剖析大型水电工程资金支付的特点，发现其不仅涉及大量工程利益相关方，而且具备典型的不确定性特征；然后，从资金流入和资金流出两个角度，深入挖掘了诱发资金流入和流出的不确定性因素；其次，给出了大型水电工程资金支付风险定义：由于支付方未按期支付或者少付工程进度款，导致被支付方的累计负资金流超过其资金承受能力从而亏损的概率，其风险发生后果是承包商采取停工、继续传播支付风险、合同破裂等行为。

（2）基于资金支付不确定性因素分析和资金支付风险定义，从工程单价波动和工程量变化两个方面，计算考虑不确定性的资金流出，同时给出了模拟支付方不确定性行为的资金流入计算方法，叠加资金流出和资金流入，提出了资金支付风险计算方法，运用 Monte Carlo 技术，建立了支付风险模拟仿真测度模型。将该模型用于实际案例，验证了模型的可行性。

（3）针对资金支付风险发生后可能的传播情况，首先，分析了风险传播的要素，包括风险源、风险流、风险载体、风险传播路径、风险阈值等；然后，分别从承包商的单方视角、工程多方视角、工程效益的整体视角，定性分析了资金支付风险的传播特点，为后文深入量化研究奠定了基础。

第4章 工程承包主体内部的支付风险传播研究

4.1 引 言

支付风险发生后，由于缺少资金流入，承包商无法持续支付工程建设所需要的材料费用、劳务分包商费用、机械租赁费用以及管理人员工资，从而导致施工人员和机械窝工，严重影响施工效率，甚至造成工程停工，进一步加大承包商的财务负担。而且，随着我国对拖欠工程款的处罚条例日趋完善，为了避免工人罢工，造成恶劣社会影响，承包商会自己垫资支付农民工工资，也会加大承包商的财务负担。当缺少资金时，有限的进度款只能用于人材机等直接工程费用，对于企业管理费、各种保险等工程间接费用，承包商会能省则省，例如缺少安全投入极易诱发安全事故。另外，对于同时承接多个项目的承包商而言，一个项目的资金链问题可能引发企业的资金风险，进而影响其他承包项目，造成多个项目的亏损。由此可见，对于承包商而言，支付风险会传播其负面影响，诱发其他风险，最终导致承包商的成本亏损、施工事故、企业形象损害等突出问题。因此，研究支付风险在承包商内部的传播规律、特征及影响对提前预判、预防、预控风险和避免出现更大损失均具有重要意义。

由上述分析可知，支付风险通过诱发其他风险从而引发了承包商的项目亏损、安全事故、形象破坏等问题，对于这种风险的传播效应，已有学者展开了相关研究。马汉武等（2012）运用模糊 Petri 网分析了供应链风险因素之间的相互影响关系，建立了基于模糊 Petri 网的供应链风险传播模型，计算了某一风险因素发生对整条供应链失效的影响；孙赟等（2018）以风险因素为节点，风险因素之间的相互影响关系为边，构建了复杂装备风险因素之间的传播网络结构，并考虑风险因素的随机性特征，结合图形评审技术（GERT），提出了不确定随机多传递参量 GERT 方法，对复杂装备的安全风险进行了评价；徐一帆等（2019）运用贝叶斯学习确定风险演化关键节点和传播路径，建立了风险演化网络；张苗等（2019）分析了化纤企业工艺生产过程中的安全风险多米诺效应，选用贝叶斯网络表征了安全风险间的影响作用和多米诺效应的演化过程。

上述研究说明了探究风险传播特性的必要性。学者们通过建立各种风险网络表征风险因素及其相互关系，其中，贝叶斯网络不仅能够充分反映风险因素之间的因果关系，而且可以量化风险发生概率的传播效应，计算风险传播的影响结果。以往研究主要是针对具体对象或条件建立相应的贝叶斯网络，但大型水电工程施工不仅风险因素多，而且支付风险在不同工程、不同承包商等情景变化下所诱发的结果不同，导致无法建立通用的贝叶斯网络。因此，如何提出适用于情景变化的贝叶斯网络构建方法，科学提取支付风险可能诱发的风险因素是本章的重点内容。

4.2　承包商内部的工程风险传播网络

4.2.1　数据收集

历史案例统计为风险分析提供了必要的基础数据，基于该方法可以综合得到风险源、风险事件、风险后果和风险控制措施。资金支付属于工程成本管理，本书共收集了 191 个有关水电工程承包商成本管理的工程案例，排除了一些成功的成本管理案例后，剩余 156 个成本超支案例。这些成本超支案例能否作为研究的基础，需要从三个重要方面进一步验证：①是否满足案例数量；②是否具有详细背景及发生过程描述；③成本超支原因分析是否深刻。

在案例数量方面，目前还未建立统一标准规定用于复杂网络研究的样本量（Eteifa et al.，2018）。因此，通过回顾类似研究，判断收集的工程案例数是否合适，见表 4-1，其中，最小和最大样本量分别为 100 例和 203 例，平均样本数为 140 例。工程案例数量介于最小和最大样本量之间，超过了平均样本量，说明本书收集的案例数足以建立风险传播网络。在案例过程描述方面，收集的每个案例中均详细描述了成本超支事件的发生背景和发生过程，包括项目建设过程、准确时间、利益相关方行为、详细损失等，这些详细描述有助于理解成本超支原因。在原因分析方面，每个案例均包括潜在原因、间接原因和直接原因等不同级别的分析结果。综上所述，收集的 156 个工程成本超支案例可以作为进一步的研究基础。充足的历史案例包括了几乎所有与成本管理相关的风险因素，可以认为支付风险所诱发的其他风险均包括在历史案例中，收集分析 156 个承包商的工程成本超支案例为研究支付风险对承包商的影响奠定了十分重要的基础。

表 4-1　复杂网络理论在项目管理研究中的应用

研　究　学　者	构建复杂网络	案例数量/例
Eteifa et al.（2018）	从 100 个案例中提取死亡原因，利用社会网络分析（SNA）模型构建死亡原因网络	100
Zhou et al.（2014）	利用 102 个地铁施工事故案例，建立地铁施工事故网络	102
Deng et al.（2017）	收集 126 起典型煤矿事故，构建了煤矿风险网络	126
Li et al.（2017）	收集 134 起地铁运行事故，建立了地铁运行危险网络	134
Huang et al.（2016）	通过对 176 个数据点的分析，得出中国煤炭价格指数与煤矿事故死亡之间的波动模式，并建立了一个有向加权网络，其中节点代表波动模式，边缘代表波动模式之间的转换	176
Zhou et al.（2015）	分析了英国 203 起铁路事故报告，建立了事故导向加权因果网络	203

每个工程案例均详细描述了成本超支的发生过程，并进行了深入的原因分析和评估。然而，这些工程案例包含了大量背景信息，不够简洁，需要进一步处理。为了便于后续研究，从过程描述和原因分析中提取工程实例的关键信息，关键信息包括案例代码、建设项

目类型、合同类型、简单背景和成本超支原因,其中一个工程案例的关键信息提取见表 4-2,利用同样的方法处理剩余的 155 个案例。

表 4-2　　　　　　　　　　一个工程成本超支案例的关键信息

案例代码	案例 3.6
建设项目类型	堆石坝
合同类型	低价合同
简单的背景	堆石坝预算约 8800 万元,实际合同价仅 3593 万元
成本超支原因	1. 为了赢得合同,承包商以低于成本的合同价格获得了一个项目,而过低的合同价格导致在项目建设之前就发生了成本超支
	2. 更糟糕的是该项目施工现场天气恶劣,设计者提供的水文资料不完整。2000 年 9 月,该项目遭受了特大洪水灾害,造成经济损失约 300 万元
	3. 另外,由于施工经验不足,承包商没有建立临时砂石加工系统,临时施工场地位置也不合理。在实际施工过程中,临时施工场地大量增加,而且需要额外增设砂石加工系统,进一步说明原预算过低

4.2.2　风险因素识别与风险传播路径提取

从成本超支的原因分析可以看出,一个工程案例的成本风险因素远不止一个。而且,风险因素并不是独立存在,而是相互影响。一个风险因素会诱发其他风险因素,最终导致成本超支,其中可能包含若干条风险传播路径(A→B→成本超支,A→C→成本超支等)。风险传播网络可以反映所有可能的风险传播路径,是分析风险因果传播的重要有利手段。风险因素识别和风险传播路径提取是建立网络的两个主要步骤。

每个案例的关键信息直观地呈现了项目类型、时间、利益相关方、详细损失等,但是成本风险因素隐藏在原因分析中,需要进一步发掘。例如:案例 3.6 的第一个原因分析包含了两个成本风险因素:一个是急于中标;另一个报价过低。在风险传播路径提取方面,以"案例 3.6"的第一原因分析为例,"急于中标"导致"报价过低",而"报价过低"最终导致承包商亏损。三个风险因素之间的因果传播关系形成了一条风险传播路径,即急于中标→报价过低→亏损。"案例 3.6"所包含的其他风险因素和风险传播路径可通过上述方法提取,结果见表 4-3。

为了避免风险传播路径中出现孤立节点,将每条路径中的最后风险因素设置为承包商亏损,并将其视作风险传播的结果。此外,多个风险因素同时发生才会诱发另外一个风险因素,例如,在"案例 3.6"的第二个原因分析中,如果承包商能够获取准确的设计信息并设计了安全的防洪预案,即使遭遇洪水,也可以减少经济损失。因此,只有当恶劣天气和设计资料不完整同时发生时,洪水灾害才会导致成本超支。

同理分析 156 个承包商成本超支案例原因,识别所有成本风险因素及其风险传播路径。然后与成本管理专家讨论成本风险因素初步清单,对具有相似和相近风险因素进行合并,降低风险传播网络构建难度。例如,价格市场变动、材料成本变动、劳动力成本波动、价格变动等都统一为价格上涨。共识别 52 个风险因素,见表 4-4,共获得 158 条不重复的风险传播路径,见附录。

表 4 - 3　　　　"案例 3.6"中的成本风险因素识别以及风险传播路径提取

案例代码	成本超支原因描述	成本风险因素	风险传播路径
案例 3.6	1. 为了赢得合同，承包商以低于成本的合同价格承包了工程项目，而过低的合同价格导致项目在建设之前便发生了成本超支	急于中标；报价过低	急于中标→报价过低→亏损
	2. 更糟糕的是该项目施工现场天气恶劣，设计者提供的水文资料不完整。2000年 9 月，该项目遭受特大洪水灾害，造成经济损失约 300 万元	恶劣天气；设计资料不完整；自然灾害	恶劣天气 & 设计资料不完整→自然灾害→亏损
	3. 另外，由于施工经验不足，承包商没有建立临时砂石加工系统，临时施工场地布置也不合理，在实际施工过程中，临时施工场地大量增加，而且额外增设砂石加工系统，进一步说明原预算过低	缺少工程技术经验；工程量增加；报价过低	缺少工程技术经验→工程量增加→报价过低→亏损

注　"&"表示多个风险因素同时发生。

表 4 - 4　　　　通过工程案例分析得出的成本风险因素

缩写	成 本 风 险 因 素	缩写	成 本 风 险 因 素
R1	未获得开工许可	R22	设计错误
R2	政治动乱	R23	设计延期
R3	东道主国家环境不稳定	R24	设计资料不完整
R4	法律法规变化	R25	沟通协调能力差
R5	价格上涨	R26	急于中标
R6	项目管理成本增加	R27	资金来源调查不足
R7	市场预测不足	R28	合同变更
R8	拆迁问题	R29	合同失败
R9	移民问题	R30	合同理解不充分
R10	征地延迟	R31	合同条款模糊
R11	材料供应不足或不合格	R32	施工事故
R12	业主或监理管理能力差	R33	施工错误
R13	未提供施工现场	R34	工人闲置
R14	业主延期提供场地	R35	机械闲置
R15	工期延误	R36	工程量增加
R16	赶工成本增加	R37	低价中标
R17	设计变更	R38	现场调查不充分
R18	延期支付	R39	缺少工程技术经验
R19	预付款延迟支付	R40	图纸理解错误
R20	欺诈行为	R41	承包商管理能力差
R21	分包商施工错误	R42	缺少索赔

缩写	成本风险因素	缩写	成本风险因素
R43	未买保险	R48	不良的施工环境
R44	质量问题	R49	恶劣天气
R45	返工	R50	不良地质条件
R46	资金流问题	R51	工人罢工
R47	施工变更	R52	自然灾害

4.2.3　工程风险传播网络构建

158 条风险传播路径相互交织，若通过逐一合并的方式构建网络，过程太过繁琐。邻接矩阵可用于表征网络中节点相互影响（Wambeke et al.，2012），将 158 条风险传播路径转化为邻接矩阵。邻接矩阵的第一行和第一列为风险因素，非对角单元表示两个风险因素之间的因果关系。如果一个风险因素导致另一个风险因素，则对应单元格的值等于 1，否则为 0。由于风险因素本身没有关系，所有对角线单元都等于 0。在建立邻接矩阵后，便可以绘制网络图，其中节点表示风险因素，有向边表示风险因素之间的因果关系。

以附录 1 的风险传播路径 4、5、14 为例，说明风险传播网络构建，如图 4-1 所示。首先，由三条风险传播路径生成一个邻接矩阵。例如，不良地质条件（R50）直接导致工期延误（R15）和设计变更（R17），则（R50，R15）和（R50，R17）等于 1。不良地质条件（R50）不能直接导致赶工成本增加（R16）和亏损（L），则（R50，R16）和（R50，L）等于 0。然后，基于邻接矩阵对网络进行可视化，这里的有向线段长度不具备物理意义，并不代表路径长短。最后，以同样的方法综合所有风险传播路径，生成一个完整的工程风险传播网络。为了方便网络的生成，将完整的邻接矩阵输入 UCINET 6 for Windows Version6.212 软件中，并使用软件模块 NetDraw 2.084 绘制网络，如图 4-2 所示，完整的风险传播网络由 53 个节点和 238 个边组成。所有工程案例均是描述水电工程承包商的成本超支情况，因此，该风险传播网络能够表达水电工程承包商内部的成本风险传播情况。

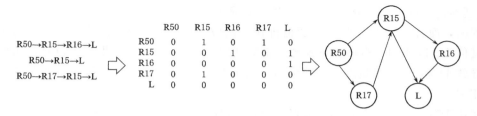

图 4-1　部分工程风险传播网络的形成过程

4.2.4　网络特征分析

设 $G=(V，E)$ 为网络结构，其中 $V=(v_1，v_2，\cdots，v_n)$ 为网络节点集合，表示风险因素，$E=(e_1，e_2，\cdots，e_n)$ 为网络边集合，表示风险传播路径。邻接矩阵为 $A=[a_{ij}]_{N \times N}$，若 $a_{ij}=1$，则节点 i 和节点 j 之间存在直接关系，若 $a_{ij}=0$，则表示无关，

N 为网络节点数量。

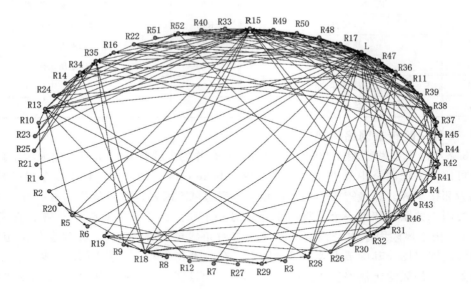

图 4-2　承包商的工程风险传播网络可视化

4.2.4.1　异质性特征

节点 i 的节点度是与节点 i 直接相连的节点数量或边数，节点度表征了节点重要性，是最简单、最典型的网络特征属性，如果节点度越大，表明该节点越重要。有向网络中的节点度包括入度、出度和总度。入度是直接指向节点的节点数量或边数，出度是节点直接指向其他节点的数量或边数，总度是入度和出度之和，三者计算如下：

$$\text{deg}_i^{\text{in}} = \sum_i a_{ij}, \quad \text{deg}_i^{\text{out}} = \sum_j a_{ij}, \quad \text{deg}_i = \text{deg}_i^{\text{in}} + \text{deg}_i^{\text{out}} \tag{4-1}$$

式中：deg_i 为总度；deg_i^{in} 为入度；$\text{deg}_i^{\text{out}}$ 为出度。

工程风险传播网络的入度、出度和总度，如图 4-3 所示。R36（工程量增加）和 R15（工期延误）入度较高，分别为 15 和 22，即 R36 和 R15 分别受到 15 和 22 个风险因素的直接影响，而且这两个节点的总度也排在前两位。R39（缺少工程技术经验）的出度最高，其值为 11，R31（合同条款模糊）紧随其后，其值为 10，表明 R39 和 R31 可能分别直接导致 11 和 10 个风险因素。网络的平均度为 6.9057，每个风险因素平均与 7 个风险因素相关。

相比于节点度的分布，累计节点度分布可以降低度分布尾部的噪声。通过计算工程风险传播网络中节点度大于等于 k 的节点比例，获得累积度分布 $P(k)$，量化网络特征（Chen et al.，2012）。经过 MATLAB 曲线拟合工具箱处理，在单对数坐标系和一般坐标系中分别绘制累积度分布，如图 4-4 所示。图中用单对数坐标系呈现累积度分布的指数分布拟合，插图中呈现一般坐标系累积度分布的指数拟合分布。结果表明，工程风险传播网络的累积度分布函数服从指数函数 $y = 1.2\text{e}^{-0.1592x}$（$R^2 = 0.9927$），而且拟合效果良好。

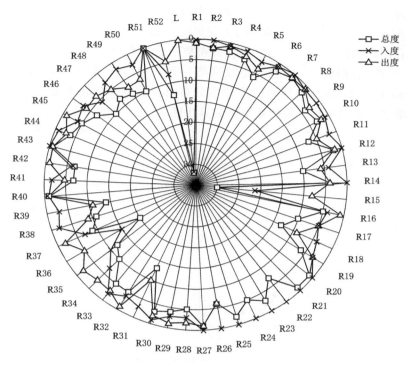

图 4-3 每个风险因素的入度、出度和总度

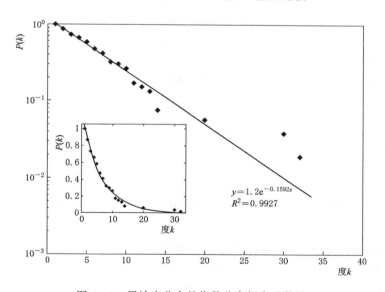

图 4-4 累计度分布的指数分布拟合函数图

　　根据以往的研究成果（Zhou et al.，2014；Zhou et al.，2015；Li et al.，2017），由风险因素构成的网络一般属于服从幂律分布的无标度网络。当工程风险传播网络的累计度分布拟合为幂律分布时，拟合函数是 $y=1.169x^{-0.6181}$（$R^2=0.8551$），如图 4-5 所示，

其幂律指数为 1.6181＝0.6181＋1。然而，无标度网络幂律分布的幂律指数介于 2～3（Barabasi，Albert，1999），但本研究的工程风险传播网络偏离了无标度网络特征。与幂律分布的拟合函数相比，该网络的累积度分布更适合指数分布函数 $y=1.2\mathrm{e}^{-0.1592x}$（$R^2=0.9927$）。一些实际网络的性质与指数网络一致，例如电网（Liu，Tang，2005）。此外，Li、Chen（2003）发现当网络的累积度分布由指数分布演化为幂律分布时，网络的异质性随之增加，说明工程风险传播网络的异质性弱于无标度网络。

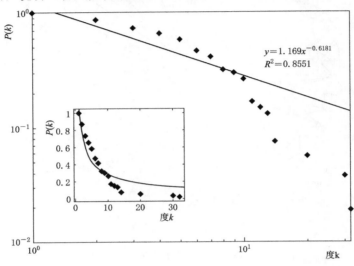

图 4-5　累计度分布的幂律分布拟合函数图

4.2.4.2　小世界特征

　　网络中两节点之间的路径为所有可能连接两点的边数，两点之间可能存在多条路径，节点 i 和节点 j 之间的最短路径为连接两节点之间所需要的最少边数，用 $\min\limits_{i,j}d_{ij}$ 表示（Boateng et al.，2012）。平均路径 L 是所有可能成为关联节点之间的最短路径平均值，其计算如下式：

$$L=\frac{1}{N(N-1)}\sum_{i,j\in N,i\neq j}\min_{i,j}d_{ij} \qquad (4-2)$$

式中：d_{ij} 为节点 i 和节点 j 之间的路径，利用 Dijkstra 算法计算两点之间的最短路径 $\min\limits_{i,j}d_{ij}$。

　　依据平均路径计算公式，得到工程风险传播网络的平均路径长为 3.116，即每个风险因素将其负面影响传播给其他风险因素仅需要平均 3 次。以第 20 条风险传播路径为例，不良地质条件（R50）引发了自然灾害（R52）。自然灾害（R52）导致了工期延误（R15），由于工期延误（R15）导致建设期延长，正好在延长的时间里价格上涨（R5），该条风险传播路径中 R50 与 R5 没有直接关系，但不良地质条件引发价格上升仅需要三步。

　　任意节点之间的所有路径中最长的一条为网络直径，用 $\max\limits_{i,j}d_{ij}$ 表示。工程风险传播网络的直径为 8，而且不止一条，R2（政治动乱）传播至 R38（现场调查不足）是众多直径中的一条。R2（政治动乱）→R5（价格上涨）→R13（未提供施工现场）→R36（工程量增加）→R47（工程变更）→R39（缺少工程技术经验）→R30（合同条款理解不充分）→R31（合同条款模糊）→R38（现场调查不充分）。由网络的直径可以看出，将众多风险传播路径组合成网络结构之后可以揭示更多隐藏的风险传播路径。本书中工程风险传播网络的节点超过了 50 个，但可能出现最长的风险传播路径也仅为 8，而且平均传播路径仅为 3，说明了导致承包商亏损的风险因素之间关联性十分紧密，一个风险因素发生后的负面影响很容易传播给其他风险因素。

集聚系数描述了一个节点在其邻接节点之间形成小集团的性质，用于衡量节点倾向于聚集的特征（Tabak et al.，2014）。节点 i 的集聚系数是其相邻节点之间边数除以它们之间可能存在边数的比例（Watts et al.，1998）。在有向网络中 a_{ij} 与 a_{ji} 不同，节点 i 与其邻接节点之间最多有 $\deg_i$（$\deg_i - 1$）条边。节点 i 的集聚系数为 C_i，其计算公式如下：

$$C_i = \frac{l_i}{\deg_i(\deg_i - 1)} \tag{4-3}$$

式中：l_i 为节点 i 的直接相邻节点数量。

所有节点的集聚系数如图 4-6 所示，基于节点集聚系数，所有值平均之后得到该网络的集聚系数为 0.23，工程风险传播网络的平均路径长为 3.116。小世界网络是指大多数节点仅可以通过几个步骤间接连接其他节点的网络，其特征是平均路径长度小，集聚系数高（Watts et al.，1998）。根据小世界网络的定义和特征，可以得出本书的工程风险传播网络具有典型的小世界网络特征。在具有小世界特征的网络中，节点之间关联紧密，风险影响传播速度较快、难以控制，这也解释了成本超支经常发生、较难控制的原因。

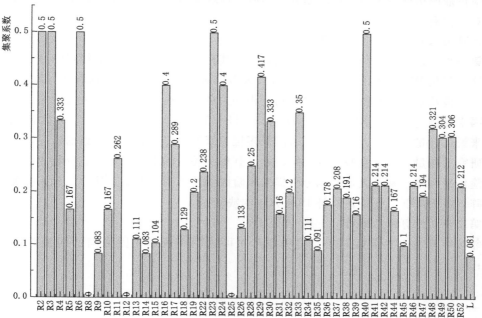

图 4-6　工程风险传播网络的集聚系数

4.3　支付风险传播网络

承包商的工程风险传播网络几乎包含了所有成本相关的风险因素及其传播关系，然而，从图 4-2 中可以看出，53 个风险因素之间的传播关系极其复杂，而且凌乱无规律，难以对某一风险发生后的传播影响进行具体分析。因此，需要对工程风险传播网络展开进一步结构化、层次化处理，使其传播关系更加明确，更加有利于分析其中支付风险的传播特性。

4.3.1　支付风险传播网络提取的方法概述

基于解释结构模型（Interpretative Structural Modelling，ISM）对图 4-2 进行层次化分析，以便于针对性提取支付风险传播网络，探索其对承包商的影响特性。1976 年，John N. Warfield 首次运用 ISM 方法揭示复杂性问题，标志着该方法的诞生（宋亮亮，2017）。ISM 方法是通过分析系统的子系统（要素、因素等）及其之间的直接二元关系，利用 0 和 1 进行表征，然后经过布尔逻辑运算等步骤，将子系统（要素、因素等）及其直接关系以清晰的层次结构拓扑形式展现（Haleem et al.，2012）。ISM 方法的优势在于能够通过量化方法对复杂、凌乱、相互影响的因素进行梳理，相比于其他网络拓扑图的形式，层次结构拓扑以阶梯形式展现，具有更强的直观性，更有利于理解子系统（要素、因素等）之间的因果关系。目前，ISM 方法已被广泛的运用于各类风险分析中（杨彬 等，2010；王凤山 等，2015；崔文罡 等，2017；邢宝君 等，2017；曾明华 等，2019；宋思雨 等，2019），也验证了该方法用于风险分析的可行性。基于 ISM 方法，本书首先对工程风险传播网络进行梳理和层级划分，然后再提取支付风险传播网络，最后探索支付风险传播对承包商的影响。

ISM 方法具体实施步骤如下：

第一步：识别子系统（要素、因素等）及其相关关系，并建立邻接矩阵。

这一步是 ISM 方法的重要基础，过去大多数研究是基于专家咨询和问卷调查等方法，但是，当涉及系统要素较多时，这种确定相互关系的方法工作量将会大大增加。以本书的风险因素为例，53 个风险因素需要确定 $53 \times 53 - 53 = 2756$ 个风险关系，这对研究人员和专家来说工程量太过巨大，而且如果涉及多位专家容易出现意见不一致的情况，会进一步加大研究工作量。为了克服识别风险因素及其相关关系的困难，可以充分利用已建立的工程风险传播网络，基于大量案例分析提取风险因素及其相关关系，建立二元拓扑关系和邻接矩阵，极大降低工作量，弥补 ISM 方法的缺陷。

第二步：计算可达矩阵。

邻接矩阵表达了因素间的直接关系，而可达矩阵表示了因素间的间接关系和传播属性：

$$\left.\begin{array}{c}(a_i, a_j) = 1 \\ (a_j, a_k) = 1\end{array}\right\} \Rightarrow (a_i, a_k) = 1 \qquad (4-4)$$

式（4-4）表示若因素 a_i 直接影响因素 a_j，因素 a_j 直接影响因素 a_k，则因素 a_i 可

以间接影响因素 a_k，因素 a_i 的作用将通过因素 a_j 传播给因素 a_k，这种传播属性由可达矩阵表征。

除了直接关系外，可达矩阵中的间接关系也为1。利用布尔运算求解可达矩阵 M，具体计算如下：

$$(A+I) \neq (A+I)^2 \neq (A+I)^3 \neq \cdots \neq (A+I)^{n-1} = (A+I)^n = M \quad (4-5)$$

式中：A 为邻接矩阵；I 为单位矩阵。

第三步：划分可达矩阵。

将因素集合 S 划分为可达集、先行集、共同集合。

（1）可达集 $R(a_i)$ 为可达矩阵中因素 a_i 所在行为1对应的第 j 列因素构成的集合：

$$R(a_i) = \{a_i \mid a_j \in S, (a_i, a_j) = 1\} \quad i, j = 1, 2, \cdots, n \quad (4-6)$$

（2）先行集 $A(a_i)$ 为可达矩阵中因素 a_j 所在列为1对应第 j 行因素构成的集合：

$$A(a_i) = \{a_j \mid a_j \in S, (a_j, a_i) = 1\} \quad i, j = 1, 2, \cdots, n \quad (4-7)$$

（3）共同集 $C(a_i)$ 为可达集与先行集的交集：

$$C(a_i) = R(a_i) \bigcap A(a_i) \quad (4-8)$$

第四步：层级划分。

层级划分的基本方法是将第一次交集得到的因素放在第一层，也就是最高层，并将其从可达矩阵中删除，再以同样的方法找到剩余因素的交集放在第二层，依此类推，直至没有因素出现在共同集中，最后根据邻接矩阵绘制层级结构图，箭头表示有向关系的指向。

第五步：结果校验。

层次结构图所有箭头除了同一层级间的回路外，均是由下级因素指向上级因素，若出现上级因素指向下级因素则层级划分出现错误，需要返回第二步重新计算核对。另外，出现回路的因素必定在同一层级，若不满足也表示出现错误划分。

4.3.2 支付风险传播网络提取过程

根据资金支付风险的定义，不同利益相关方具有不同的资金财务状况，同一利益相关方在不同工程中的资金支付安排也不相同，因此，无论何种情况，承包商所受支付风险均不相同。需要提出一套支付风险影响的标准化分析流程，以便适用于不同工程、不同承包商等情景变化条件。基于此，本书提出了能够适应不同情景的支付风险传播网络提取流程，为评估支付风险传播对承包商的影响奠定研究基础，该提取流程具体如图4-7所示。

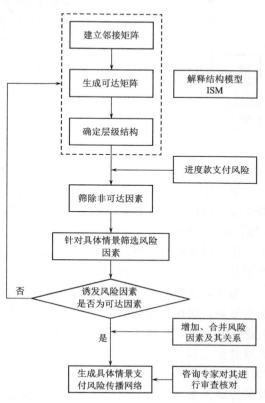

图 4-7 支付风险传播网络提取流程图

支付风险传播网络提取流程大致分为四个主要步骤。第一步，基于 ISM 方法对图 4-2 的工程风险传播网络进行层次划分，结果如图 4-8 所示。由图 4-8 可以看出，风险传播关系比图 4-2 的表达层次性更强，部分风险因素的传播影响更加清晰，还可以甄选出支付风险 R18 的影响因素与原因因素，其中位于 1、2、3、4 级的风险因素均是受 R18 直接或者间接影响的影响因素，5 级与 6 级因素为可能导致支付风险发生的原因因素。

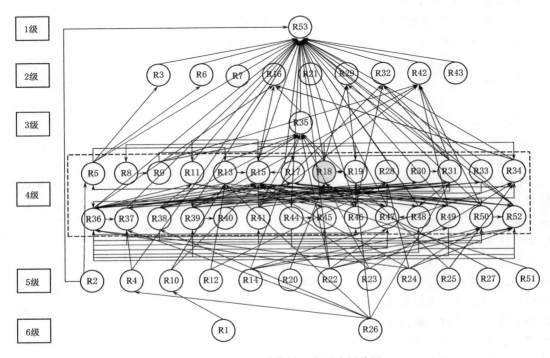

图 4-8　工程风险传播网络层次划分图

第二步，重点研究支付风险 R18 发生后的影响，不受其影响的风险因素可以删除，即筛除非可达因素。根据可达矩阵，筛除 R18 的非可达因素为 R1、R26、R2、R4、R10、R12、R14、R20、R22、R23、R24、R25、R27、R51、R7、R21、R43，这些风险因素均不是由支付风险所诱发，而是可能导致支付风险。得到初步简化后的支付风险传播网络层次划分图，如图 4-9 所示。

然而，由图 4-9 可知，即便是删除非可达因素之后，剩余的风险因素及其传播关系仍然复杂，层次划分后的阶梯图仍存在不清晰的部分，特别是第 4 级，同一级内部的因素关系相互交织，传播关系需要进一步梳理。目前，众多研究学者在可达矩阵基础上进一步提取骨架矩阵，缩减一些冗余二元关系，简化多因素和复杂关系的层次结构（高鑫，2012；黄炜 等，2014；郭燕 等，2016），虽然在方法步骤上进行了优化，但是风险因素及其传播关系均从历史案例中获取，也就是实际发生过，如果仅从抽象后的二元关系进行简化处理会误删一些工程中的重要关系。

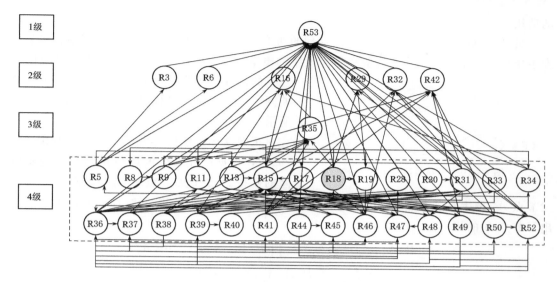

图 4-9 初步简化后的风险传播网络层次划分图

第三步是将工程风险传播网络层次划分图与工程实际结合，采用专家咨询和调查的方式，针对具体工程、具体承包商筛除一部分发生概率小甚至不可能发生的风险因素，再利用 ISM 方法划分层次，直至得到清晰且包含重要的、针对性的支付风险传播网络图。该图的起点因素为支付风险，终点因素即为承包方的影响结果，若新的网络层次结构出现了新的非可达因素，则返回第二步。

第四步是通过专家咨询对得到支付风险传播网络图开展进一步检查校核，增加、减少或合并少量风险因素及其传播关系。由于第三步得到的支付风险传播网络图包含风险因素少、结构层次和传播关系清晰，对其进行检查校核较为容易。

4.4 支付风险对承包商的影响评估模型

由图 4-9 可知，支付风险所诱发的风险多，风险因素间的相互作用关系复杂，贝叶斯网络适用于多节点、节点状态多样、节点相互作用的概率计算，而且贝叶斯网络中的条件概率是父节点发生条件下子节点发生的概率，能够充分体现风险的传播特性。因此，可运用贝叶斯网络方法评估支付风险传播对承包商的影响。

4.4.1 贝叶斯网络理论概述

贝叶斯网络是图论与概率论的结合，通过建立一个有向无环网络的方式表示一组变量之间的概率关系，主要用于解决因素之间的概率计算和概率推理问题，同时考虑了因素之间的相关性。一个贝叶斯网络包括了有向无环网络结构、节点概率以及节点之间的条件概率，其中有向无环网络结构由代表随机变量的节点和代表因果关系、概率关系的有向边组成。此种网络结构与支付风险传播网络一致，均是利用节点之间的二元关系表达某一节点（风险因素）对其他节点的影响，而且贝叶斯网络中的节点不确定性运算规则赋予了支付风险的传播规则。因此，利用贝叶斯网络理论评估支付风险传播对承包商的影响具有良好

65

的适用性。

贝叶斯网络具有正向推理和反向推理的功能，正向推理是已知父节点的概率和父节点发生条件下子节点的概率，计算子节点发生的概率，反向推理则是计算在已知子节点已经发生的条件下父节点发生的概率，以一个贝叶斯网络为例，说明具体计算过程，如图4-10所示。

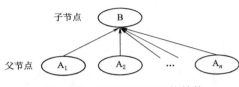

图4-10 简易贝叶斯网络结构

正向推理：也称为因果推理（吴贤国 等，2014），根据已经发生的风险预测可能诱发风险的概率。已知父节点 A_i 的概率 $P(A_i)$、父节点 A_i 发生时子节点 B 的概率 $P(B|A_i)$，集合全概率计算公式（4-9），则可以得出子节点 B 的概率 $P(B)$：

$$P(B,A_1,A_2,\cdots,A_i) = \prod P(B|A_1,A_2,\cdots,A_i) \tag{4-9}$$

$$P(B) = \sum P(B,A_1,A_2,\cdots,A_i) \tag{4-10}$$

式中：$P(B,A_1,A_2,\cdots,A_i)$ 为 $B,A_1,A_2,\cdots,A_i$ 节点的联合概率，具体表示节点某状态下同时发生的概率；$P(B|A_1,A_2,\cdots,A_i)$ 为 $A_1,A_2,\cdots,A_i$ 发生条件下 B 发生的条件概率；$P(B)$ 为节点 B 发生的概率。

反向推理：也称为诊断推理（吴贤国 等，2014），通过已发生的风险事件推测导致风险发生的主要原因。已知子节点 B 发生条件下推理父节点 A_i 的概率。反向推理主要是基于贝叶斯公式：

$$P(A_i|B) = \frac{P(B|A_i)P(A_i)}{P(B)} \tag{4-11}$$

式中：$P(A_i|B)$ 为子节点 B 发生条件下父节点 A_i 发生的概率，也称为后验概率；$P(B)$ 根据式得到。

4.4.2 风险模糊概率表征

4.4.2.1 模糊集

运用贝叶斯网络评估支付风险对承包商影响的前提是能够给出精确的风险概率数值，但是实际工程中涉及诸多高度复杂和不确定问题，难以精确表征；特别是在描述风险大小时，由于一些工程风险发生概率较小，基础样本数据收集和量化较困难；另外，承包商的管理能力、施工经验、施工工序的难易程度等风险发生概率难以准确量化，仅能通过专家咨询给出很高、较高、高、较低、低、很低等模糊性的语言描述。模糊集对工程中难以精确量化、缺少实际数据的问题给出了解决办法。

1965年，美国科学家 Zadeh 首次提出了模糊集合的概念（Zadeh，1965）。本书主要使用模糊集中的两个概念。

第一种是模糊集合的另外一种表达方式——模糊数，较为常用的是三角模糊数和梯形模糊数。

三角模糊数由下限值 a、最可能值 b、上限值 c 三个指标确定，其隶属函数表达式如下：

$$f_{Tri} = \begin{cases} 0, & x \leqslant a; x > c \\ (x-a)/(b-a), & a < x \leqslant b \\ (x-c)/(b-c), & b < x \leqslant c \end{cases} \tag{4-12}$$

梯形模糊数由下限值 a、最可能值 b 和 c、上限值 d 四个指标确定，其隶属函数表达式如下：

$$f_{Tra} = \begin{cases} 0, & x \leqslant a; x > c \\ (x-a)/(b-a), & a < x \leqslant b \\ (x-d)/(c-d), & c < x \leqslant d \\ 1, & b < x \leqslant c \end{cases} \tag{4-13}$$

第二种模糊集为水平截集的概念（罗承忠，1989），结合三角模糊数与梯形模糊数的定义，得到两者的截集表达如下：

$$A_{Tri}^{\lambda} = [f_L^{\lambda}, f_R^{\lambda}] = [(b-a)\lambda + a, \quad (b-c)\lambda + c] \tag{4-14}$$

$$A_{Tra}^{\lambda} = [f_L^{\lambda}, f_R^{\lambda}] = [(b-a)\lambda + a, \quad (c-d)\lambda + d] \tag{4-15}$$

式中：A_{Tri}^{λ} 为三角模糊数的 λ 水平截集；A_{Tra}^{λ} 为梯形模糊数的 λ 水平截集；f_L^{λ}，f_R^{λ} 分别为 λ 水平截集的上下界；λ 为阈值或置信水平。

4.4.2.2　风险发生概率模糊化

支付风险诱发的诸多其他风险，例如工人罢工、工人机械闲置、材料短缺等，其发生概率难以用准确定量的方法表达。本书利用风险发生可能性大小等级进行定性的判断和描述，其具体描述方式为七级评判，分别是非常高（VH）、高（H）、较高（CH）、中等（M）、较低（CL）、低（L）、非常低（VL）。这七项风险发生可能性大小的等级描述具有明显的模糊性特征。因此，采用三角模糊数与梯形模糊数的隶属函数对共同专家语言进行转化，其中非常高（VH）、较高（CH）、较低（CL）、非常低（VL）通过梯形模糊数描述，高（H）、中等（M）、低（L）通过三角模糊数描述（Lin，Wang，1997）。

4.4.2.3　去模糊化

为了最终能够准确计算出风险概率，需要对七级评判等级进行去模糊化处理，将其分别转化为一个相对最能代表模糊集合的精确概率值。常用的去模糊化方法有最大隶属度函数法、重心法、积分值法等，其中最大隶属度函数法采用最大值进行平均，其结果误差较大，重心法计算过程烦琐，不适合多因素和复杂关系的概率计算（郑霞忠 等，2016）。因此，为了保证结果的准确度和计算过程的简洁性，选择积分值法进行去模糊化。

首先，结合三角模糊数与梯形模糊数的水平截集概念，依据式（4-14）和式（4-15），计算得出七级评判等级所对应的 λ 水平截集，见表 4-5。

表 4-5　　　　　　　　　七级评判等级的模糊数与 λ 水平截集

语言变量	模糊数	λ 水平截集
很低（VL）	$A_{VL} = (0, 0, 0.1, 0.2)$	$A_{VL}^{\lambda}[0, -0.1\lambda + 0.2]$
低（L）	$A_L = (0.1, 0.2, 0.3)$	$A_L^{\lambda}[0.1\lambda + 0.1, -0.1\lambda + 0.3]$
较低（CL）	$A_{CL} = (0.2, 0.3, 0.4, 0.5)$	$A_{CL}^{\lambda}[0.1\lambda + 0.2, -0.1\lambda + 0.5]$
中等（M）	$A_M = (0.4, 0.5, 0.6)$	$A_M^{\lambda}[0.1\lambda + 0.4, -0.1\lambda + 0.6]$

语 言 变 量	模 糊 数	λ 水 平 截 集
较高 (CH)	$A_{CH} = (0.5, 0.6, 0.7, 0.8)$	$A_{CH}{}^{\lambda} [0.1\lambda+0.5, -0.1\lambda+0.8]$
高 (H)	$A_H (0.7, 0.8, 0.9)$	$A_H{}^{\lambda} [0.1\lambda+0.7, -0.1\lambda+0.9]$
很高 (VH)	$A_{VH} (0.8, 0.9, 1.0, 1.0)$	$A_{VH}{}^{\lambda} [0.1\lambda+0.8, 1]$

然后，依据积分值法计算模糊数左隶属函数和右隶属函数的反函数积分值 $\mu_L (A)^{-1}$ 和 $\mu_R (A)^{-1}$，计算如下：

$$\mu_L (A)^{-1} = \frac{1}{2}\Big(\sum_{\lambda=0.1}^{1} f_L^{\lambda} \Delta\lambda + \sum_{\lambda=0}^{0.9} f_L^{\lambda} \Delta\lambda\Big) \tag{4-16}$$

$$\mu_R (A)^{-1} = \frac{1}{2}\Big(\sum_{\lambda=0.1}^{1} f_R^{\lambda} \Delta\lambda + \sum_{\lambda=0}^{0.9} f_R^{\lambda} \Delta\lambda\Big) \tag{4-17}$$

式中：f_L^{λ}，f_R^{λ} 分别为 λ 水平截集的上下界；$\lambda=0, 0.1, 0.2, \cdots, 0.9, 1.0$；$\Delta\lambda$ 为 λ 均匀分区，故 $\Delta\lambda$ 取 0.1。

最后，计算风险因素发生概率：

$$P = \varepsilon\mu_R (A)^{-1} + (1-\varepsilon)\mu_L (A)^{-1} \tag{4-18}$$

式中：P 为去模糊化后的风险发生概率；ε 为乐观系数，$\varepsilon\in[0,1]$，表达了决策人员的风险偏好，若决策者越保守，则 ε 取值越趋近于 1，反之则趋近于 0，本书取值为 0.55。

4.4.3　基于改进贝叶斯网络的承包商影响评估

将支付风险传播网络以点对点、边对边的形式转化为贝叶斯网络后，通过问卷调查得到风险因素及其相互影响关系的模糊评估，结合模糊概率表征方法和贝叶斯网络运算规则，即可展开支付风险传播对承包商的影响计算。

根据传统的贝叶斯网络运算规则，当子节点的父节点数量较多时，会遇到排列组合确定条件概率数量过多的问题。若父节点数量为 n 且仅考虑两种状态的节点，则计算子节点概率需要确定 2^n 种不同节点状态的排列组合条件概率，这对问卷调查的工作量提出了巨大挑战。在巨大的工作量影响下，被调查专家的主观偏好性将受到极大影响，从而破坏计算结果的准确性。为了解决这个问题，运用 noisy-OR gate 模型对贝叶斯网络运算规则进行简化，但使用 noisy-OR gate 模型时需要满足节点之间的独立性和逻辑"或"（张驰，唐帅，2019），即图 4-10 中的 $A_1, A_2, \cdots, A_n$ 代表的风险因素相互独立。根据风险传播路径的提取可知，大量风险因素传播关系均由单个案例提取，并不具有相关性，具有逻辑"与"关系的风险传播关系可以单列进行计算。满足 noisy-OR gate 模型要求的贝叶斯网络子节点概率计算如下：

$$P(B \mid A_1, A_2, \cdots, A_n) = 1 - \prod_{1\leqslant i\leqslant n} (1-P_i) \tag{4-19}$$

式中：$P(B\mid A_1, A_2, \cdots, A_n)$ 为 $A_1, A_2, \cdots, A_n$ 发生时 B 发生的条件概率；P_i 为每个父节点发生导致 B 发生的条件概率。

为了方便计算，使用 Netica 软件进行贝叶斯网络运算，预测延期支付风险对承包方的影响概率。首先在软件中绘制贝叶斯网络，然后输入父节点的发生概率与子节点的条件概率，仅考虑风险因素发生（yes）与不发生（no）两种状态，最后运行软件得到计算结果。

4.5 实 例 分 析

以某大型水电工程的混凝土质量检测承包商为例，研究业主延期支付对承包商的影响。首先通过专家咨询建立该承包商在延期支付风险传播影响下的贝叶斯网络，然后利用问卷调查得到延期支付风险的发生概率及其诱发风险的条件概率，最后评估对该承包商的多方面影响。

4.5.1 某水电工程支付风险传播网络构建

在工程风险传播网络层次划分的基础上，咨询实际工程具体承包商的三位专家，执行支付风险传播网络提取流程的第三步：筛除该大型水电工程混凝土质量检测承包商中发生概率较小甚至不会发生的风险因素，分别为R3、R8、R9、R13、R15、R33、R36、R38、R39、R40、R44、R45、R50、R52。然后运用ISM方法进一步划分网络层次，如图4-11所示，删除R42、R6、R5、R37、R17、R49、R31、R41、R30等非可达的风险因素后，如图4-12所示。最后与三位专家进行再次核对、讨论，对图4-12进行审查，以避免遗漏该混凝土质量检测承包商受支付风险影响的风险因素，得到最终混凝土质量检测承包商的支付风险传播网络，如图4-13所示。由图4-13可知，支付风险对该承包商的影响主要在于企业形象受损、成本超支和施工事故等三个方面。

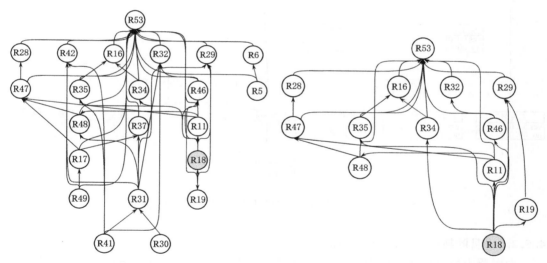

图4-11 第二次ISM划分后的 网络层次结构　　图4-12 删除非可达风险因素后的 网络层次结构

4.5.2 支付风险传播对承包商的影响计算

4.5.2.1 支付风险传播网络转化

将混凝土质量检测承包商的支付风险传播网络转为对应的贝叶斯网络，其中，风险因素转化为对应的贝叶斯网络子节点与父节点，风险传播关系转化为对应贝叶斯网络中的节点因果关系，利用Netica软件建立贝叶斯网络，如图4-14所示。

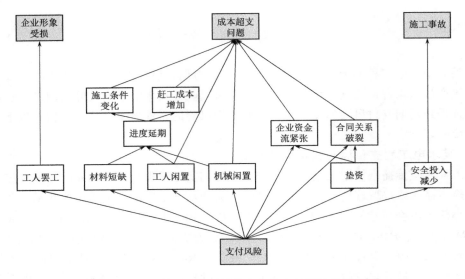

图 4-13 混凝土质量检测承包商的支付风险传播网络

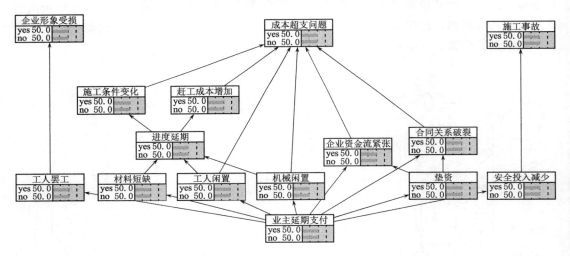

图 4-14 混凝土质量检测承包商的支付风险贝叶斯网络

4.5.2.2 贝叶斯网络节点概率计算

向混凝土质量检测承包商的三位专家发放调查问卷，专家概况与调查结果，见附录2。根据 4.4.2 节中的模糊概率表征方法，将问卷调查的模糊描述转化为精确的概率数值，该实例中将乐观系数取值为 0.55，转化结果见表 4-6。

对三位专家的调查结果进行算数平均，代入 Netica 软件中即可计算支付风险传播造成承包商企业形象受损、施工成本超支、施工事故的影响概率，其中，运用 noisy-OR gate 模型，根据式计算进度延误风险与成本超支风险的条件概率。以进度延误风险为例，当延期支付风险导致的工人闲置、材料短缺、机械闲置三种风险同时发生时，进度延误的概率计算结果为 0.9608＝1－（1－0.6433）（1－0.6917）（1－0.6433），依此类推得到所有排列组合下的计算结果，见表4-7。

表4-6 问卷调查的模糊描述转化结果

调查内容	风险概率值		
	专家1	专家2	专家3
业主延期支付工程款的可能性	0.6400	0.4950	0.6400
业主延期支付导致工人罢工的可能性	0.3400	0.4950	0.1950
业主延期支付导致材料短缺的可能性	0.3400	0.6400	0.1950
业主延期支付导致工人闲置的可能性	0.4950	0.6400	0.0675
业主延期支付导致机械闲置的可能性	0.4950	0.6400	0.1950
业主延期支付导致企业资金流紧张的可能性	0.7950	0.7950	0.4950
业主延期支付导致合同关系破裂的可能性	0.1950	0.6400	0.0675
业主延期支付导致垫资的可能性	0.7950	0.6400	0.9175
业主延期支付导致安全投入减少的可能性	0.6400	0.4950	0.0675
工人罢工导致企业形象受损的可能性	0.1950	0.6400	0.6400
材料短缺导致进度延期的可能性	0.6400	0.6400	0.7950
工人闲置导致进度延期的可能性	0.4950	0.6400	0.7950
机械闲置导致进度延期的可能性	0.4950	0.6400	0.7950
垫资导致合同关系破裂的可能性	0.1950	0.4950	0.0675
安全投入减少导致施工事故的可能性	0.6400	0.6400	0.7950
进度延期导致施工条件变化的可能性	0.4950	0.4950	0.7950
进度延期导致赶工成本增加的可能性	0.6400	0.6400	0.7950
合同关系破裂导致成本增加的可能性	0.3400	0.6400	0.0675
企业资金流紧张导致成本增加的可能性	0.3400	0.4950	0.0675
施工条件变化导致成本增加的可能性	0.3400	0.4950	0.4950
赶工成本增加导致成本超支的可能性	0.6400	0.6400	0.7950
工人闲置导致成本增加的可能性	0.3400	0.6400	0.7950
机械闲置导致成本增加的可能性	0.4950	0.6400	0.1950
垫资导致企业资金流紧张的可能性	0.6400	0.4950	0.0675

表4-7 进度延误的条件概率计算结果

父节点及其排列组合			子节点及其概率	
工人是否闲置	材料是否短缺	机械是否闲置	进度是否延误	
			yes	no
yes	yes	yes	0.9608	0.0392
yes	yes	no	0.8900	0.1100
no	yes	yes	0.8900	0.1100
no	yes	no	0.6917	0.3083

续表

父节点及其排列组合			子节点及其概率	
			进度是否延误	
工人是否闲置	材料是否短缺	机械是否闲置	yes	no
yes	no	yes	0.8728	0.1272
yes	no	no	0.6433	0.3567
no	no	yes	0.6433	0.3567
no	no	no	0.0000	1.0000

将所有节点的条件概率代入 Netica 软件中，运行软件如图 4-15 所示，计算出业主延期支付风险导致混凝土质量检测承包方企业形象受损、成本超支、施工事故的风险概率分别为 9.99%、42.7%、16.4%，其中发生成本超支的概率最高。

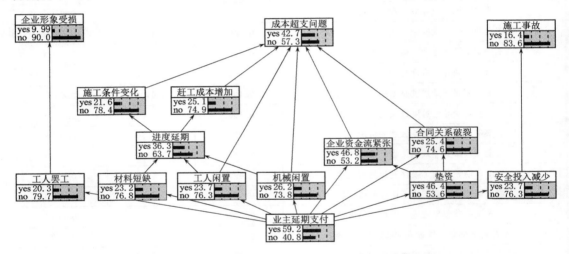

图 4-15 延期支付风险传播对混凝土质量检测承包商的影响结果

4.6 控制风险传播的关键因素

控制成本风险可以帮助承包商预防亏损，但本书涉及风险因素众多，管理人员难以全面控制，识别关键风险因素可以在不提高管理费用的前提下，达到提升成本管理绩效的目的。在识别关键风险因素时，应同时考虑因素之间的关系和相互作用，本书通过工程实例分析，建立了工程风险传播网络，挖掘了风险的传播特性。基于传播特性，可以确定关键的成本控制指标，有利于管理者提前建立重要的亏损预防监控点。

风险的传播特性为确定关键风险因素带来了一定困难，如果承包商管理人员仅单独考虑风险因素，仍可能发生成本亏损，因为控制的风险因素可能不在关键风险传播路径上，不仅消耗了管理成本，而且控制效果不佳。控制风险因素意味着断开风险传播网络的边，因此，能够维持网络结构稳定的节点所对应的风险因素应受到高度重视。一旦阻止这些风险因素的发生，便可以切断风险传播的重要路径，以最小的风险管理成本达到最佳的控制效果。本书中工程风险传播网络异质性表明，少数风险因素与大量其他风险因素相关，而且这些大量风险因素之间相关性不高。当总度较大的 R36（工程量增加）和 R15（工期延误）风险因素得到控制时，便可以切断大量风险传播路径，避免触发其他风险因素，有效降低风险传播范围。例如，如果能够控制总度为 30 的 R15，则会影响 30 个风险因素之间的传播关系，占所有因素关系的 12.6%，而且这仅是控制一个风险因素的效果。

由于集聚系数高，平均路径短，工程风险传播网络属于小世界网络，其特点是每个节点可以通过较短的路径与几乎所有其他节点相连（Small et al.，2005）。根据周志鹏等（2014）的研究成果，移除具有高中介中间性的节点可以增加网络的平均路径长度和直径，从而降低风险传播效率。中介中心性包括节点中介中心性和边中介中心性。由于两者之间的相似性，仅分析节点间的中心性。节点中介中心性是指通过一个节点的最短路径与所有可能的节点对之间最短路径的比例（Huang et al.，2016）。有向网络中节点 i 的中介中心性为 B_i，其计算如下（Gonzalez et al.，2010），即：

$$B_i = \frac{1}{(N-1)(N-2)} \sum_{s,t \in N, s \neq t} \frac{\sigma_{st}(i)}{\sigma_{st}} \tag{4-20}$$

式中：节点 s 和节点 t 为两个非直接相邻节点；σ_{st} 为从节点 s 到节点 t 的最短路径总数量；$\sigma_{st}(i)$ 为从节点 s 到节点 t 的最短路径中通过节点 i 的数量。

根据中介中心性的定义，节点的中介中心性越高，通过该节点的风险传播路径越多。所有节点的中间性中心度值由公式计算，由于算法的计算复杂度，本研究利用 UCITET 软件计算所有网络节点的中介中心性，结果如图 4-16 所示。R15（工期延误）的中介中

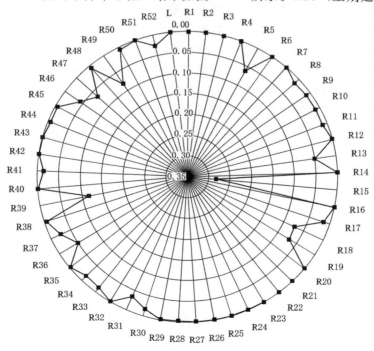

图 4-16　每个节点的中介中心性

心性最高，其值为 0.2858，说明经过该节点的最短路径最多。其次是 R39（缺乏工程技术经验），其值为 0.1197。R15 和 R39 两节点中介中心度之和大于 0.4，近 40% 的最短路径通过这两个节点，其他节点的中介中心性小于 0.1。

综上所述，与其他风险因素相比，控制工期延误（R15）、工程量增加（R36）、缺乏工程技术经验（R39）更能有效地控制风险传播，尤其是 R15（工期延误）和 R39（缺乏工程技术经验），R15 不仅具有较大的入度和总度，同时具有较高的中介中心性，R39 的出度大，中介中心性高。

4.7 本 章 小 结

（1）资金支付属于工程成本管理，因此，本章收集了大量水电工程承包商成本管理案例，对成本超支案例进行整理、分析，从中提取了有关成本超支的工程风险及其传播路径，构建了承包商内部的工程风险传播网络。运用复杂网络理论，探究了工程风险传播网络的异质性和小世界等两种典型网络特征，揭示了成本风险传播速度快、控制难的深层次原因。

（2）由于承包商的工程风险传播网络中几乎包含了所有与承包商成本管理相关的风险因素及其传播影响关系，因此，本章基于该网络结构，运用 ISM 方法，建立了支付风险传播网络提取流程，用于分析支付风险传播对承包商的影响。另外，该提取流程不仅能用于工程风险传播网络中任何一种风险因素的传播影响分析，而且可以适应不同工程和不同承包商等情景变化条件，适用范围广。

（3）在构建支付风险传播网络的基础上，建立了相应的贝叶斯网络，考虑风险因素发生概率难以定量表达，运用模糊集将定性的风险因素发生可能性评价转化成了定量的概率值，并通过 noisy-OR gate 模型对贝叶斯网络条件概率数量过多的缺陷进行了优化改进，计算出支付风险对承包商影响结果，进而表征支付风险在承包商内部的传播结果。结合实例，验证了该方法的可行性，分析得出支付风险对承包商影响最大的是成本亏损，其次是施工安全事故发生的可能性。为控制支付风险传播对承包商的影响，识别了导致承包商亏损的关键风险因素——工期延误、工程量增加和缺乏工程技术经验，并提出了相关控制建议。

第5章 工程多主体之间的支付风险传播研究

5.1 引　言

由于大型水电工程施工环境、组织和技术等方面的复杂性，需要不同层次、不同背景的利益相关方参与建设，支付风险的影响并不会仅限于单个承包主体内部。因此，本章将在上一章的基础上进一步探索支付风险在工程多主体之间的传播特性。利益相关方相互合作对大型水电工程的建设必不可少，然而一旦支付问题出现，支付风险会通过合同交易将小规模的资金负担从一个利益相关方传播到另一方，进而演化成大规模的经济损失（Massoud et al.，2011），例如，当业主延期支付工程进度款，"上游"利益相关方（如总承包商）会将支付风险传播给众多的"下游"利益相关方（如标段承包商、供应商、分包商等）。承包商未能及时向分包商付款，导致分包商现金流困难。相反，"下游"利益相关方也会影响"上游"利益相关方。例如：由于缺乏资金，分包商不得不推迟施工进度。这种支付风险的传播特性为传统的风险管理带来了巨大的挑战，分析和揭示支付风险的传播特性对及时控制风险进一步扩散和避免更大的损失均具有十分重要的意义。

在过去的十年中，失效风险的传播（也称级联失效）在复杂网络研究中十分普遍，特别是在电力网络（Eusgeld et al.，2009；Ramirez-Marquez，2013）、天然气网络（Carvalho et al.，2009）、供油网络（Wu et al.，2016）、供水网络（Torres et al.，2009）和交通运输网络（Xu et al.，2007）等关键基础设施网络中。但是，客观的物理网络与利益相关方网络不同，前者的级联失效机制是基于客观的流量模型分析，相比于管网、路网、电网等，利益相关方之间的关系网络更加抽象。另外，代表网络节点的利益相关方具有抵抗风险和消解风险的能力（Ren et al.，2015）。研究该类具有自主行为的主体风险传播一般采用传染病模型，包括 SIR（易感—感染—移除）（Kermack et al.，1991）、SI（感染—感染）（Pastor-Satorras et al.，2001）、SIS（易感—感染—易感）（Moore，Newman，2000），三种模型的比较见表 5-1。在三个模型的基础上，还出现了一些改进模型，包括 SIRS（易感—感染—移除—易感）（Yan et al.，2007）、SEIR（易感—暴露—感染—移除）（Xia et al.，2015）以及 CA（细胞自动机）（Wang et al.，2015）。通过对比可知，具有抵抗风险和消解风险能力的利益相关方与 SIS 中的个体具有极其相似的特征，SIS 更适合于模拟支付风险在利益相关方网络中的传播过程。从表 5-1 可以看出，阈值是传播模型中的一个重要参数，当风险超过一定阈值时，风险开始传播（Pastor-Satorras et al.，2001），而且风险网络传播阈值与网络节点度密切相关（Eguiluz et al.，2002）。

表 5 – 1　　　　　　SIR，SI 和 SIS 等三种基本传染病模型对比

模　型　名　称	模　型　描　述
SIR	将感染的节点从易感节点的中删除，作为完全恢复或失效节点
SI	受感染节点将处于永久感染状态
SIS	受感染节点有机会从感染状态变化到易感状态

　　大型水电工程建设过程涉及大量利益相关方，各方之间关系交错复杂，如交易关系、监督关系、隶属关系、合作关系等，这些关系相互交织形成了利益相关方网络，为风险提供了传播路径。因此，以往复杂网络中的风险传播研究为本章提供了有效参考。然而，大型水电工程利益相关方之间的关系与以往研究不同，支付风险在各方之间的传播属性也不同，而且以往研究未考虑风险传播主体的风险消解能力与时间之间的相关性。鉴于此，本书建立利益相关方之间的交易关系网络，提出一种基于 SIS 和 CA 的支付风险多方传播模型，揭示工程多主体之间的支付风险传播规律和特性。

5.2　利益相关方交易关系网络

5.2.1　利益相关方及其交易关系

　　利益相关方是指参与项目的个体与单位组织，或者其利益受项目执行正面或负面影响的个体与单位组织（范林军，2010）。工程利益相关方包括业主、设计方、承包方、监理方、政府部门、分包方、供应商等。在大型水电工程较长的建设期内，其利益相关方并不是固定不变的。从工程开始到建设中期，随着工程的全面铺开，负责不同单位工程和分部分项工程的利益相关方逐渐进场，数量逐渐增加；从工程建设中期到后期，多数工程部位逐渐完工，部分工程利益相关方退场，数量逐渐减少。因此，所确定的利益相关方集合是某一时间点正在参与工程的利益相关方。

　　大型水电工程不仅利益相关方众多，而且其关系也十分多样，例如业主与承包商之间的交易关系、承包商与监理之间的监督与被监督关系、不同承包商之间的合作关系等。大型水电工程建设规模宏大，建筑种类众多，专业要求较高，发包商会将不同单位工程发包给多个承包商，承包商针对不同专业种类与多个分包商合作，同时也存在一个供应商向多个承包商供货的情况。利益相关方之间最常见、最典型的关系是合同支付交易关系，发包商支付资金，承包商或供应商完成指定任务，双方形成合同支付交易关系。按照资金支付风险的定义，该风险仅会发生在具有支付交易关系的利益相关方之间。因此，将利益相关方之间的关系提取为交易关系，作为研究支付风险传播的基础。

　　以往的研究是将利益相关方的关系抽象为 1 或 0，1 表示两者间存在关系，0 表示两者间不存在关系（范林军，2010；李晓琳，2016；王京国，2016）。然而，不同的交易关系具有不同的重要性，例如业主与总承包商间的交易关系比某一承包商与劳务分包商的交易关系更加重要。由此可以看出，网络交易关系应该具有权重，本研究以两者间的交易金额作为交易关系的权重，表示交易关系的重要性。

5.2.2　利益相关方交易网络构建

　　复杂系统中主体之间的相互关系可用网络形式表示。目前已有学者利用社会网络

（SNA）方法建立和分析了工程利益相关方网络特征，陈晨（2011）建立了政府投资建设项目的利益相关方网络；张惠惠（2016）综合了地铁施工中利益相关方的合同关系、信息交换关系、协调关系、指令关系等，建立了利益相关方网络；李晓琳（2016）进一步分析了利益相关方临时退出后的网络结构变化风险；范林军（2010）分析了大型工程项目利益相关方之间的关系，包括上下级之间的隶属关系、监督单位与被监督单位之间的监督关系、委托单位与代理机构之间的委托合同关系、发包商与承包商之间的交易关系以及平行分包商之间的协作关系等；杨婧等（2011）对大型工程项目的利益相关方网络进行了风险分析。支付风险只会在具有支付交易关系的利益相关方之间传播，而且是从资金链上游传递至下游，交易关系网络为支付风险提供了传播路径，是重要的支付风险传播网络。

当利益相关方及其交易关系确定后，便能观测两者的组合形式。图5-1呈现了某大型水电EPC工程主体部分企业之间的交易关系（Chen et al.，2018），可以看出利益相关方及其交易关系形成了网络结构。将该工程在2016年10月的交易关系网络抽象为如图5-2所示的拓扑结构，图中要素包括节点和节点间的边线，节点表示利益相关方，边线表示交易关系，边权为支付交易金额，具体含义见表5-2。由于支付风险仅发生于具有交易关系的利益相关方之间（监理与承包商之间是监督与被监督关系，不存在交易关系，不会发生延期支付），交易关系网络为该风险提供了可能的传播路径，具有传播方向的交易关系网络如图5-3所示。

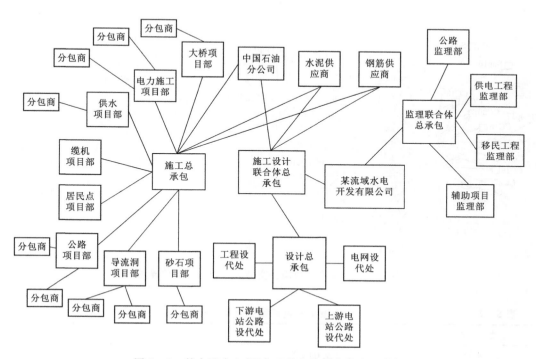

图5-1　某大型水电EPC工程主体部分的企业之间
交易关系示例

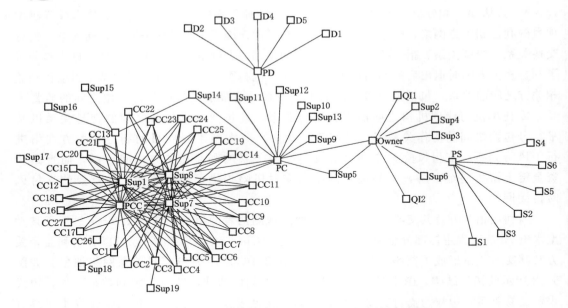

图 5-2　某大型水电 EPC 工程利益相关方交易关系网络

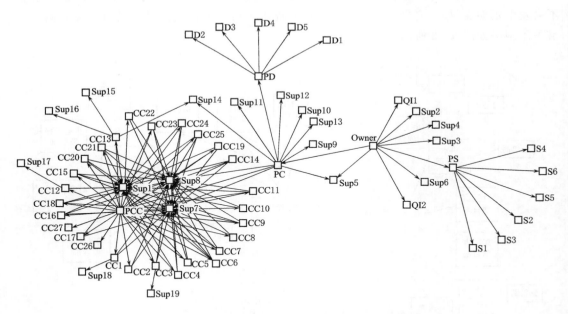

图 5-3　资金支付风险在交易关系网络上的传播图

表 5-2　　　　　　　　　　　　　交易关系网络图中要素含义

要　　素	含　　义
Owner	某流域水电开发有限公司
PC	施工设计联合体总承包单位

续表

要　　素	含　　义
PCC	施工总承包单位
PD	设计总承包单位
QI1	质量监督机构 1
QI2	质量监督机构 2
PS	监理联合体总承包单位
S1～S6	不同工程的监理单位（公路监理部、供电工程监理部、移民工程监理部等）
D1～D6	不同工程的设计单位（工程设计处、电网设计处等）
CC1～CC27	不同工程的承包商（大桥项目部、电力施工项目部、居民点项目部、公路项目部等）
Sup1～Sup19 边	各供应商（中国石油分公司、钢筋供应商、水泥供应商）交易关系

5.2.3　基于网络特征的利益相关方属性分析

网络特征包括统计特征与拓扑特征。基于复杂网络理论，探索网络统计特征，同时与其他典型网络进行对比，分析重要拓扑特征（Albert，Barabasi，2002；Newman，2003；Jin et al.，2016）。统计特征分析旨在通过计算网络节点或边线的基本参数指标对其进行评价，拓扑特征分析旨在对比典型的网络特征对网络整体进行评价。基于此，交易关系网络分析主要包括节点分析和网络整体分析，其中，节点分析主要是基于网络节点的统计特征得出利益相关方的地位属性，挖掘对支付风险传播的影响，为表征利益相关方的风险传播属性奠定基础；网络整体分析主要是与典型的无标度网络拓扑特征进行对比，分析出类似特征，其目的是从工程组织的角度挖掘出组织模式特性。本节以图 5-2 中的大型水电工程为例，对其进行统计特征分析。拓扑特征分析将用于探索实例仿真中组织模式对风险传播的影响。

针对资金支付风险传播问题，本节主要对利益相关方的资金管理能力与合作能力展开分析，其中，资金管理能力直接关系到所承包的项目资金是否正常运转；合作能力主要与支付风险控制有关，当利益相关方无法通过企业自身资金运作控制支付风险时，可通过风险转移、风险共担等方式与合作者一起控制风险。

5.2.3.1　资金管理能力

节点度仅考虑了节点周围边的数量，而忽略了边的权重。某节点周围存在的直接连接节点越多，说明该节点越重要。若与该节点直接连接的边越重要，该节点同样越重要。为了同时表达这两种重要性特性，Opsahl et al.（2010）提出了加权度中心性，计算如下式：

$$D_w = \sum_j^N a_{ij} \left(\frac{\sum_j^N w_{ij}}{\sum_j^N a_{ij}} \right)^\alpha = \left(\sum_j^N a_{ij} \right)^{1-\alpha} \times \left(\sum_j^N w_{ij} \right)^\alpha \qquad (5-1)$$

式中：$\sum_j^N a_{ij}$ 为节点 i 直接连接的节点数之和；$\sum_j^N w_{ij}$ 为节点 i 直接连接的边权之和；α 为

正向调整参数，其作用在于调节节点数之和的重要性，当决策者认为节点数更重要时，则取值在 0～1，若认为边权更重要时，则取值大于 1。

由图 5-2 中的大型水电工程交易关系网络可以看出，工程地位高、资金管理能力强的利益相关方，例如业主、总承包商、施工总包商、设计总包商等，要么所拥有的交易金额较大，要么与其合作的利益相关方数量较多。其中，前者的典型代表是业主，虽然合作方不多，但交易金额巨大；后者典型代表是施工总承包商，大量平行分包商与之合作，合作者数量多，但单个交易金额相比而言较小。基于上述分析，通过利益相关方的合作者数量与交易金额总量共同判断资金管理能力属性。节点中心性表达了节点的重要特征，主要包括度中心性、接近中心性、中介中心性等三种（Freeman，1978），后两种常用于具有距离属性和流量属性的网络（交通网络、城市管网等），因此，可利用度中心性的改进概念——加权度中心性，综合考虑合作者数量与交易金额，对利益相关方的资金管理能力进行表征与分析。根据式（5-1）计算得到每个利益相关方的加权度中心性，其中 α 取 1.5，将计算结果按从大到小排序如图 5-4 所示，由图可知，利益相关方的加权度中心性差距较大。

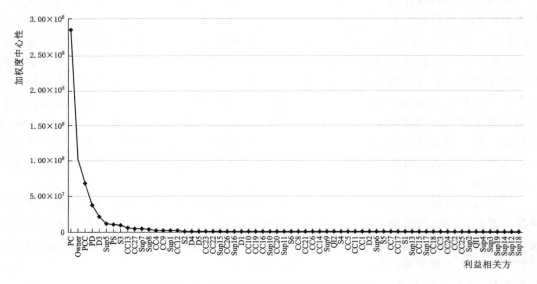

图 5-4　利益相关方节点的加权度中心性

由图 5-4 可以看出，总承包商 PC 的加权度中心性最大，然后依次是业主 Owner、施工总承包商 PCC、设计总承包商 PD。该大型水电工程采用 EPC 总承包，总承包商由施工总承包商与设计总承包商共同指派人员组成联合体，业主向总承包商支付工程进度款，总承包商内部的施工总承包商与设计总承包商分配工程进度款。结合交易关系网络图可知，虽然施工总承包商与大量平行分包商关联，合作者数量远远超过其他利益相关方，但其交易金额小于业主，则加权中心性较小。这是因为资金管理能力由公司资金运作能力、融资水平、资金储备等方面决定，业主与联合体所签订的交易金额更大，则资金管理能力更强。也进一步说明了相比于原始中心性表征利益相关方重要性的方法，加权中心性更加准确、合理。然而，从图 5-4 中看出，利益相关方的加权中心性差距过大，如何进一步优化资金能力表征方法，更好地表达利益相关方抵抗支付风险的能力，将在模型建立中详细说明。

5.2.3.2 合作能力

工程建设依赖于众多利益相关方的共同合作，任何利益相关方的突然退场可能直接或间接的影响工程效益或其他利益相关方。由此可知，除了考虑自身资金管理能力外，合作能力也是抵抗风险和控制风险的重要因素。利用复杂网络理论中的特征向量中心性表征利益相关方的合作能力，该指标不仅考虑节点的重要性，同时包含了邻接节点的重要性。

加权度中心性仅考虑了节点本身和直接关联边的属性特征，但实际大多数网络中节点特征也取决于邻接节点。例如社会网络中的合作者网络，某个体的能力受其合作者能力的重要影响。Newman（2004）提出了加权网络中的特征向量中心性计算方法，如下式：

$$E_w = \frac{1}{\lambda} \sum_{j \in N} a_{ij} w_{ij} e_j \qquad (5-2)$$

式中：λ 为网络对应邻接矩阵的最大特征值；$e_i = \frac{1}{\lambda} \sum_{j \in N} a_{ij}$；$w_{ij}$ 为节点 i 和 j 之间的连接权重。

按照式（5.2），计算图 5-2 大型水电工程交易关系网络每个节点的特征向量中心性，按照从大到小排序结果如图 5-5 所示。图中显示合作能力较大的仍然依次是 PC、Owner、PC、PD，这是因为这四个利益相关方自身资金管理能力强，加之相互具有合作关系。但是，除了前四位利益相关方外，加权中心性与加权特征向量中心性排序差别较大。以第五名为例，从加权中心性的角度，D3 的自身资金管理能力要强于 CC13，因为 D3 的交易金额大于 CC13；但从加权特征向量角度，CC13 的合作能力要强于 D3，因为 CC13 与 PCC 具有合作关系，D3 与 PD 具有合作关系，PCC 的资金能力强于 PD。当业主产生支付

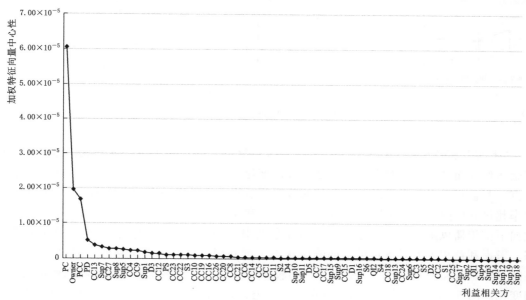

图 5-5 利益相关方节点的加权特征向量中心性

风险时，由于 CC13 的合作方 PCC 资金管理能力更强，CC13 遭受亏损的可能性小于 D3。对比资金管理能力与合作能力可知，在分析支付风险的影响时，利益相关方自身能力与合作能力均应考虑在内，在后面进一步论述。

5.3　工程多主体之间的支付风险传播过程分析

5.3.1　工程主体的风险传播行为与状态变化

若位于资金流"上游"的利益相关方延期支付或少付工程进度款，"下游"利益相关方的资金流入减少，当减少的资金流超过企业自身资金承受能力时，亏损出现。为了避免承担资金风险，亏损利益相关方会继续向其"下游"利益相关方传播支付风险，其过程如图 5-6 所示。虽然支付风险会导致利益相关方的承包项目亏损，但将支付风险转移给其他利益相关方后可以恢复正常状态，即利益相关方除了具备风险抵抗能力，也具备风险消解能力。

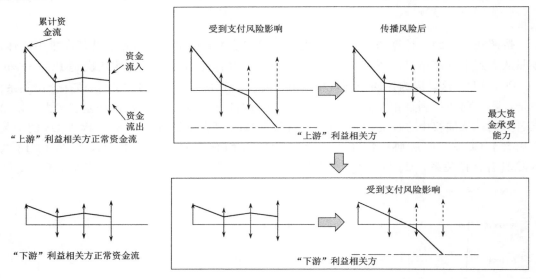

图 5-6　支付风险传播过程的利益相关方资金流变化情况

"上游"利益相关方将非正常的资金流转移给下游利益相关方，使其无法维持正常的资金运作，而"下游"利益相关方会通过进度延误、质量和安全事故影响"上游"利益相关方。利益相关方所受风险随着合作的亏损利益相关方数量的增加而增加。当风险发生的概率超过其风险抵御能力时便出现亏损。如果利益相关方存在"下游"合作者，他们会继续向下游传播风险，此外，还可通过资本管理和运营等方式消除风险，从而恢复正常状态。考虑利益相关方对支付风险的响应状态，可利用易感—感染—易感（SIS）模型进行表征（Boccara，Cheong，1993）。在 SIS 模型中，节点在易感状态和感染状态两种状态之间变化。图 5-7 显示了利益相关方在两个状态之间的变化，其中 SIS 模型中的易感状态对应利益相关方正常状态，感染状态对应亏损状态。

5.3.2　工程多主体之间的风险传播过程描述

图 5-8 描述了支付风险在交易关系网络中概化传播过程，利益相关方 1 是风险传播源，它将支付风险 λ 传播给与其合作的利益相关方 2、3、5。由于利益相关方 2 和 3 的风险抵抗能力小于 λ，它们由正常状态转化成亏损状态。传播风险后，利益相关方 1 有 β 的概率恢复至正常状态，同时也受到 2 和 3 的影响。随着亏损的合作利益相关方增加，利益相关方 4 也受到支付风险

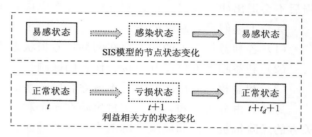

图 5-7　SIS 模型与利益相关方状态变化对比

传播影响，并出现亏损。实际工程中，以图 5-3 为例，业主 Owner 延期支付总承包商 PC 可能的风险传播路径，如图 5-9 所示。

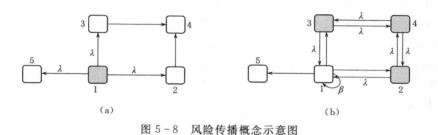

图 5-8　风险传播概念示意图

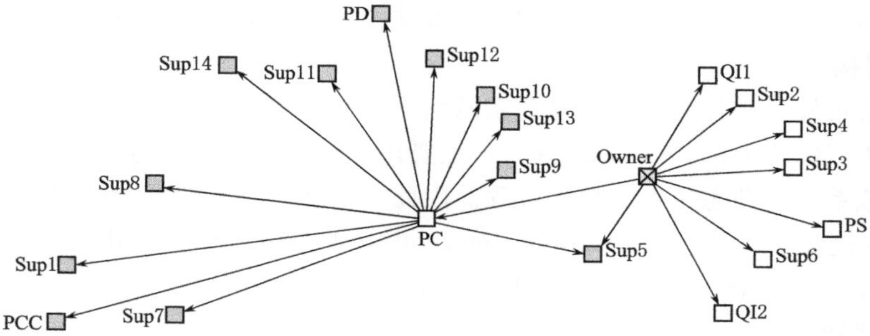

图 5-9　支付风险在交易关系网络中的传播

5.4　基于工程交易关系网络的支付风险传播模型

5.4.1　模型假设

构建模型之前，需要做出一些模型假设。假设所有利益相关方仅有两种状态，即亏损状态和正常状态，以降低模型构建的复杂性。值得注意的是，一个利益相关方的状态不仅限于二元，也可以根据风险程度描述利益相关方的中间状态和多状态（Kolowrocki，

2001；Lisnianski，2001；Chandrakar et al.，2015）。假设支付风险仅在具有交易关系的利益相关方之间传播，即某一节点的状态变化仅由相邻节点触发。假定利益相关方出现亏损后不会退出建设项目，因为利益相关方在完成其承包项目之前不会违约终止合同关系。

综合上述假设，总结如下：

（1）各利益相关方的状态存在两种：亏损状态为 1，正常状态为 0。

（2）利益相关方仅受其直接合作者的影响。

（3）利益相关方出现亏损后不解除合同关系。

另外，由分析可知，研究支付风险在多个利益相关方之间的传播需要了解每个利益相关方的风险抵抗能力和风险消解能力，这两种能力由每个企业的资金运行能力所决定，而且受利益相关方行为影响，具有一定主观性和不确定性。为了表征和量化这两种能力，需要收集每个企业的财务信息，但存在以下问题：①企业财务信息一般属于公司内部资料，而且大型水电工程涉及的利益相关方繁多，收集过程本身比较困难；②即使收集了承包企业财务信息，能够较为准确的表示风险抵抗能力，但风险消解能力除了与财务能力相关外，还与风险传播行为有关，而主体行为具有较强的主观性和不确定性，难以量化表征。由支付风险的定义可知，利益相关方是否传播支付风险，主要由支付风险和资金能力的相对大小决定，如果支付风险大于资金能力，利益相关方传播风险；反之，利益相关方承担风险。由此可见，分析风险对利益相关方的影响并不一定需要求出风险大小和资金能力大小，只需要找到一种衡量和对比两者的方式，便可以判断利益相关方的传播风险行为。因此，将利益相关方及其关系视为网络结构，运用复杂网络理论中特征参数表示其风险属性，采用相对大小的方式抽象表征支付风险、风险抵抗能力以及风险消除能力，建立支付风险在多个利益相关方之间的传播模型，分析支付风险在交易关系网络中的传播规律。

5.4.2　模型构建

根据分析可知，支付风险在交易关系网络中的传播具有复杂性、动态性以及离散性，而元胞自动机（Cellular Automata，CA）主要用于描述由大量相连节点组成的复杂离散系统，并模拟系统中动态传播和演化过程。因此，本书结合元胞自动机和 SIS 模型，形成新的 CA-SIS 模型（Cellular Automata Susceptible-Infected-Susceptible），用于量化支付风险传播过程。CA-SIS 模型由（C，Q，V，F）定义。

5.4.2.1　元胞空间 C

每个利益相关方视为一个元胞，C 用于表示一个大型水电工程利益相关方数量 N 的集合。

$$C = N \tag{5-3}$$

5.4.2.2　状态集合 Q

Q 是有限状态集，表示利益相关方在每个时间步上的经济状态集合。正常状态用 0 表示，亏损状态用 1 表示。利益相关方 i 在时间 t 的经济状态 $S_{i,t}$ 表征如下：

$$S_{i,t} = \begin{cases} 1, & 亏损状态 \\ 0, & 正常状态 \end{cases} \tag{5-4}$$

5.4.2.3　元胞关系集合 V

将利益相关方之间的交易关系集合表示为加权邻接矩阵 $V = [w_{ij}]_{N \times N}$：

$$V_{ij} = \begin{cases} w_{ij}, & \text{节点 } i \text{ 和节点 } j \text{ 之间直接相连} \\ 0, & \text{节点 } i \text{ 和节点 } j \text{ 之间非直接相连} \end{cases} \qquad (5-5)$$

5.4.2.4 状态转移函数 *F*

状态转移具有如下两个规则：

（1）规则一：每个利益相关方都具有抵抗风险的能力。由合作能力分析可知，项目中的利益相关方并不是单独存在，其各项能力不仅取决于企业自身，还与合作伙伴之间的交互行为相关。刘慧等（2017）运用复杂网络理论，提出了一种相对风险阈值（$0 < \gamma < 1$）计算方法，其核心思想是节点度及其邻接节点度越大，节点的风险抵抗能力越强，工程含义即为利益相关方自身资金实力越强，而且合作方资金实力越强，则该利益相关方的风险抵抗能力越强。此方法的优势在于将风险阈值和风险计算结果均控制在 0～1，比较风险大小与风险阈值时，避免了支付风险损失的计算，从而简化了风险抵抗能力的表征。相对风险阈值由三部分组成：①节点度；②邻接节点度；③两者平均组合。然而，该相对风险阈值方法适用于无权网络，交易关系网络中属于加权网络。例如，在图 5-3 中的交易关系网络中，业主拥有最大交易金额 85.18 亿元，最小交易金额是某供应商的 58630 元，两者巨大的金额差异放大了节点度的差异，导致风险阈值的极度失衡。为了避免这种巨大差异，对相对风险阈值计算公式进行了如下改进：

$$\gamma_{\lambda i} = \frac{D_i + \sum_{m \in \Gamma_i} D_m}{\max(D_j + \sum_{l \in \Gamma_j} D_j \mid j = 1, 2, \cdots, N)} \qquad (5-6)$$

式中：$\gamma_{\lambda i}$ 为利益相关方 i 的相对风险抵抗阈值，用于表示其风险抵抗能力；D_i 为节点 i 的节点度，$D_i = \sum_{m \in \Gamma_i} w_m$；$\Gamma_i$ 为利益相关方 i 的合作者集合；Γ_j 为利益相关方 j 的合作者集合。

利用 $S_{i,t}$ 和 $S_{i,t+1}$ 表示利益相关方 i 在时间 t 和 $t+1$ 的经济状态，利益相关方 i 在时间 $t+1$ 的经济状态 $S_{i,t+1}$ 由时间 t 的经济状态 $S_{i,t}$ 和合作者经济状态共同决定。当利益相关方亏损时，在不考虑风险消解情况下保持原有状态，否则亏损概率随着合作亏损方数量增加而增加，该过程量化如下：

$$S_{i,t+1} = S_{i,t} + \overline{S_{i,t}} f(\gamma_{\lambda i}) \qquad (5-7)$$

式（5-7）中，若支付风险小于风险抵抗阈值，则 $S_{i,t} = 0$，否则，$S_{i,t} = 1$；$\overline{S_{i,t}}$ 表示 $S_{i,t}$ 的相反状态，即如果 $S_{i,t} = 1$，$\overline{S_{i,t}} = 0$，否则 $\overline{S_{i,t}} = 1$。

$f(\gamma_{\lambda i})$ 用于表示利益相关方 i 在受到亏损合作者影响后的经济状态变化指标。由处于亏损状态的合作者数量决定，如果亏损合作者传播给利益相关方 i 的风险之和超过其风险抵抗阈值，利益相关方 i 的状态从正常状态转化为亏损状态，转换过程如下：

$$f(\gamma_{\lambda i}) = \begin{cases} 0, & 1 - \prod_{j \in \Gamma} (1 - \lambda_j)^{a_{ij} S_{i,t}} \leqslant \gamma_{\lambda i} \\ 1, & 1 - \prod_{j \in \Gamma} (1 - \lambda_j)^{a_{ij} S_{i,t}} > \gamma_{\lambda i} \end{cases} \qquad (5-8)$$

式（5-8）中，若利益相关方 i 和 j 具有直接交易关系，则 $a_{ij} = 1$，否则，$a_{ij} = 0$；λ_j 是利益相关方 j 传播给 i 的支付风险；$\gamma_{\lambda i}$ 是利益相关方 i 的相对风险抵抗阈值；$1 - \prod_{j \in \Gamma} (1 - \lambda_j)^{a_{ij} S_{i,t}}$ 表示利益相关方 i 所受到的支付风险随着亏损合作者的增加而增

加；当 $1-\prod_{j\in\Gamma}(1-\lambda_j)^{a_{ij}S_{i,t}}\leqslant\gamma_{\lambda i}$，利益相关方 i 的状态不发生变化，否则，由正常状态转变为亏损状态。假定初始的支付风险为 $(1/N)\sum_{i=1}^{N}\gamma_{\lambda i}$，然后在一定范围内变化支付风险大小，分析风险传播的结果变化。

（2）规则二：表示利益相关方在一段时间后亏损状态的转变情况。除了风险抵抗能力外，也应该考虑消解风险能力。如果利益相关方 i 处于亏损状态，在一段时间 t_d 之后，可能消除风险。考虑消除风险的不确定性，将其状态由亏损转化为正常的概率设定为 $1-\beta_i$，如果利益相关方 i 处于正常状态，则继续受到亏损合作者的风险传播影响。这条状态转化规则量化表示如下：

$$S_{i,t+t_d+1}=\begin{cases}S_{i,t+1}f(\gamma_{\beta_i}), & S_{i,t+1}=1\\ S_{i,t+t_d}+\overline{S_{i,t+t_d}}f(\gamma_{\lambda i}), & S_{i,t+1}=0\end{cases} \tag{5-9}$$

式中：$S_{i,t+1}$，$S_{i,t+t_d}$ 和 $S_{i,t+t_d+1}$ 分别为利益相关方 i 在时间 $t+1$，$t+t_d$ 和 $t+t_d+1$ 的经济状态。随着时间的推移，在考虑风险消解情况下，经济亏损无法恢复的可能性也会降低。$f(\gamma_{\beta_i})$ 用于描述考虑风险消除能力情况下利益相关方 i 在间隔时间 t_d 后的经济状态变化指标：

$$f(\gamma_{\beta i})=\begin{cases}0, & \beta_i/t_d\leqslant\gamma_{\beta i}\\ 1, & \beta_i/t_d>\gamma_{\beta i}\end{cases} \tag{5-10}$$

式中：$\gamma_{\beta i}$ 为风险消解阈值；β_i 为亏损的利益相关方无法从亏损状态中恢复的概率；β_i/t_d 为 β_i 随时间推移变小的规律。若 $\gamma_{\beta i}>\beta_i/t_d$，则利益相关方由亏损状态转化为正常状态，否则继续保持原亏损状态。将利益相关方初始无法恢复正常状态的概率设定为 $(1/N)\sum_{i=1}^{N}\gamma_{\beta i}$，然后在一定范围内调整该概率值，分析其对风险传播结果的影响。

实际中风险消解能力受较多因素影响，利益相关方可以通过风险传播的方式消除风险，也可以通过一些资金运营方式缓解支付风险。风险消解能力一般与企业的规模和在项目中的地位有关，企业规模越大，资金能力越强，缓解支付风险的能力就越强，而且在项目中越重要，地位越高，传播风险的可能性越大。下属承包商、分包商、供应商较多且交易金额较大的利益相关方，企业规模大且项目地位高。因为一般只有大型企业才有足够的财力承担交易金额大的项目同时招募大量合作者。因此，利用利益相关方在项目中的重要程度表示其风险消解能力，利益相关方在项目中越重要，风险消解能力越强。假设中断一个利益相关方与其合作者的关系，观察对整个交易关系网络的影响。Wang et al.（2017）提出了一种计算网络节点功能等级的方法表示节点被移除网络后的重要性。整个网络的边值之和由计算 $F=\sum_{i=1}^{N}\sum_{j=1}^{N}w_{ij}$，假定断开利益相关方 k 的所有交易关系，剩余边值之和 $F'(k)$ 计算如下：

$$F'(k)=\sum_{i=1}^{k}\left(\sum_{j=1}^{k}w_{ij}+\sum_{j=k+1}^{N}w_{ij}\right)$$
$$+\sum_{i=k+1}^{N}\left(\sum_{j=1}^{k}w_{ij}+\sum_{j=k+1}^{N}w_{ij}\right) \tag{5-11}$$

式中：k 为被假定移除的利益相关方，其风险消解能力用风险消解阈值 γ_β 表示。$\gamma_{\beta k}$ 计算如下：

$$\gamma_{\beta k} = [F - F'(k)]/F \qquad (5-12)$$

最后，利用亏损利益相关方比率表征支付风险在大型水电工程交易关系网络中的传播结果：

$$I(t) = (1/N) \sum_{i=1}^{N} S_{i,t} \qquad (5-13)$$

式中：$I(t)$ 为时间 t 的亏损利益相关方比率。$I(t)$ 能够动态表征风险传播过程，当其值等于 1 时，表明所有利益相关方均受到了支付风险传播的影响而处于亏损状态。

为了便于查看模型中各符号含义，集中给出其符号说明，见表 5-3。

表 5-3　　　　基于工程交易关系网络的支付风险传播模型的符号说明

符　号	符　号　含　义
C	一个大型水电工程利益相关方数量 N 的集合
Q	有限状态集，表示利益相关方在每个时间步上的经济状态集合
$S_{i,t}$	利益相关方 i 在时间 t 的经济状态
$S_{i,t+1}$	利益相关方 i 在时间 $t+1$ 的经济状态
$\overline{S_{i,t}}$	$S_{i,t}$ 的相反状态
V	元胞关系集合
$[w_{ij}]_{N \times N}$	利益相关方之间的交易关系集合的表达—加权邻接矩阵
i, k	利益相关方或交易关系网络中对应的节点
$\gamma_{\lambda i}$	利益相关方 i 的相对风险抵抗阈值
D_i	节点 i 的节点度
Γ_i	利益相关方 i 的合作者集合
Γ_j	利益相关方 j 的合作者集合
$f(\gamma_{\lambda i})$	利益相关方 i 在受到亏损合作者影响后的经济状态变化指标
a_{ij}	利益相关方 i 和 j 的直接交易关系
λ_j	利益相关方 j 传播给 i 的支付风险
t_d	时间间隔
$\gamma_{\beta i}$	利益相关方 i 的风险消解阈值
β_i	亏损的利益相关方 i 无法从亏损状态中恢复的概率
$I(t)$	时间 t 的亏损利益相关方比率
F	整个交易网络的边值之和
$F'(k)$	断开利益相关方 k 的所有交易关系，剩余边值之和

5.5　实　例　分　析

以第 5.2 节中的大型水电工程利益相关方交易关系网络为例，通过 MATLAB 仿真验证所提出模型的合理性和可行性，分析支付风险在多个利益相关方之间的传播特性。假设由于外部或内部原因（如全球金融危机或内部管理问题），业主没有按期支付工程进度款。

首先，模拟仿真支付风险在交易关系网络中的传播过程，并分析时间间隔、风险大小和利益相关方恢复概率等模型参数变化对支付风险传播的影响。然后，引入一个交易关系和交易金额均随机产生的网络，仿真支付风险在该网络上的传播过程，对比分析工程项目组织结构对风险传播结果的影响。

5.5.1　基于工程交易关系网络的支付风险传播特征

5.5.1.1　时间间隔变化

与利益相关方恢复程度相关的时间间隔（t_d）是模型中的一个关键因素，以步距 1 将其从 1 调整至 7，分析 7 种不同时间间隔下的支付风险传播过程，其对比结果如图 5-10 所示。

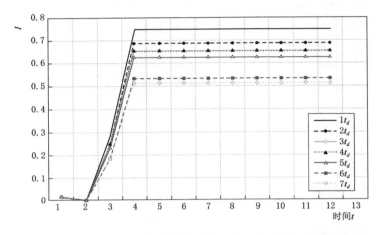

图 5-10　不同时间间隔下的亏损利益相关方比率随时间变化情况

图 5-10 中的结果反映了曲线 I 随 t_d 从 1 到 7 的变化情况。由图 5-10 可知，无论时间间隔 t_d 如何变化，风险传播过程均表现为从时刻 2 到时刻 4 突然爆发，最终保持在一个稳定值 I^*。例如，当 $t_d=2$ 时，I 的值从时刻 2 的 0.0000 突然上升至时刻 4 的 0.6875，最后稳定在 0.6875。随着 t_d 的增加，曲线 I 整体逐渐下降。例如，当 $t_d=1$、2、3、4、5、6 和 7 时，I 在时刻 3 的对应值分别为 0.2813、0.2500、0.2344、0.2344、0.2344、0.1875 和 0.1875，其中 $t_d=1$ 表示不考虑时间间隔对恢复状态影响。亏损率稳定值 I^*（即时间 4～12 的 I 值）分别为 0.7500、0.6875、0.6563、0.6563、0.6250、0.5313 和 0.5156。是因为随着时间的延长，恢复的机会在不断增加，即：时间间隔越长，从亏损状态恢复至正常状态的利益相关方越多。与实际情况类似，随着时间的延长，利益相关方会通过自身资金运转消除风险。

5.5.1.2　是否考虑风险消解能力

比较是否考虑风险消解能力的支付风险传播情况，如图 5-11 所示，对比了两种情况下的 I 值变化，显示出未考虑风险消解能力曲线上的 I 值均大于考虑风险消解能力曲线上的 I 值。例如，当 $t=2$、3 和 4 时，在未考虑风险消解情况下，I 值分别为 0.1563、0.3281 和 0.8906，而考虑风险消解能力的 I 值分别为 0.0000、0.2813 和 0.7500，这是因为一些利益相关方在风险传播过程中转换成了正常状态。仿真结果与以往研究成果类似（Zhang et al.，2014），也验证了模型考虑风险消解能力的可行性。值得注意的是，在时刻 2 考虑风险消解能力的 I 曲线存在拐点，此时，处于亏损状态的利益相关方均已恢复，其他利益相关方尚未受到影响，但并不意味着业主对其他利益相关方的负面影响已经消失，支付风险的潜在影响依然存在。因此，时刻 2 之后，风险继续向"下游"利益相关方传播。

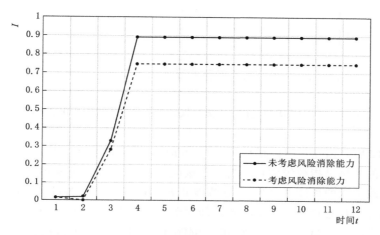

图 5-11　考虑与未考虑风险消解能力条件下的风险传播过程对比

5.5.1.3　风险大小和恢复不确定性

图 5-10 展现了支付风险传播的三个阶段：①缓慢传播；②突然爆发；③I 值将收敛于稳定值 I^*，传播结果最终趋于稳定。因此，采用亏损率稳定值 I^* 表示风险传播的最终结果。在之前的模拟仿真中，假设了支付风险和恢复的可能性为定值，但两者均具有不确定性特征，为探究两种不确定性因素的影响，将两种参数以 0.0020 的增长率增加，观测 I^* 的变化，其中 $t_d=1$，变化结果如图 5-12 和图 5-13 所示。

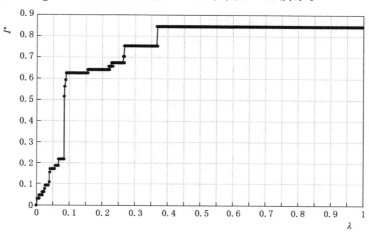

图 5-12　I^* 随支付风险大小变化的情况

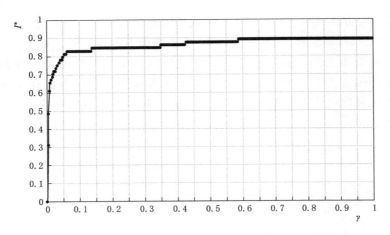

图 5-13　I^* 随利益相关方无法恢复正常状态可能性变化的情况

在图 5-12 中，当支付风险增加到 0.0820 时，I^* 出现急剧上升。当大于该值时，亏损利益相关方的比例呈指数级增长。当小于该值时，I^* 的增长速度相对较慢。如图 5-13 所示，直到风险消除的可能性（1-无法恢复正常的可能性）增加到 0.9400 时，所有利益相关方完全由亏损状态转化为正常状态，即大于该值时大多数处于亏损状态的利益相关方都可以恢复正常状态。显然，0.0820 和 0.9400 是风险传播的关键阈值。I^* 变化情况反映了利益相关方对支付风险的敏感性，对比图 5-12 和图 5-13 可以看出，利益相关方风险抵抗能力对风险传播稳定状态的影响比风险消解能力更加敏感。

上述分析结果仅在一个参数分别变化的情况下获得，图 5-14 显示了支付风险大小和风险消除可能性两个参数同时变化下的风险传播结果。由图 5-14 可知，两种参数分别在 [0, 0.4140] 和 [0, 0.0620] 变化时才对支付风险传播产生影响。当支付风险超过 0.4140，I^* 值不会随着风险消除可能性增加而变化，当风险消除可能性大于 0.0620 时，I^* 值也不会受到支付风险变化的影响，与图 5-12 和图 5-13 所获得的结论一致，风险抵抗能力对风险传播结果的影响更大。

5.5.2　项目管理模式对风险传播的影响

不同的项目管理模式下工程参与方的组织关系不同，例如，EPC 管理模式下的业主仅与总承包商建立了关系，而在 DBB 管理模式下的业主需要管理设计方、监理方以及不同标段的承包方等多个工程参与方。项目管理模式的变化影响了工程参与方组织关系，进而改变了支付风险在工程各参与方之间的传播路径，影响了风险的传播结果，因此，本节将分析交易关系网络结构变化对风险传播的影响。首先设定一个随机交易关系网络，该随机网络具有与原交易关系网络相同的利益相关方节点，但其交易关系和交易金额均是随机产生，产生规则是 $\dot{w}_{ij} = w_{\min} + (w_{\max} - w_{\min}) \times \delta$，其中 δ 是服从 [0, 1] 均匀分布的随机变量。然后以为 I^* 衡量指标，分析在支付风险和无法恢复可能性两种参数同时变化条件下的两种网络中风险传播结果，仿真结果如图 5-15 所示，其中两种参数增长率为 0.0500，且 $t_d = 1$。

由图 5-15 可知，原交易关系网络的整个曲面高于随机交易关系网络，即原交易关系

网络的所有 I^* 值均大于随机交易关系网络的 I^* 值，无论支付风险和恢复可能性等参数如何变化，支付风险在原交易关系网络中的传播结果比随机交易关系网络中的传播结果更严重。为了分析出现该特征的原因，绘制了两种网络结构的节点概率分布图，如图 5-16 和图 5-17 所示。对比发现原交易关系网络节点度的分布极度不均匀，大额度交易少，大部分是小额度交易，网络表现出较强的异质性，即大多数节点的节点度相对较小，但少数节点的度数非常大，例如，Owner、PC 和 PCC 的地位明显高于其他利益相关方。当节点度高的利益相关方，如业主和总承包方延迟付款时，风险很容易在交易关系网络中传播。

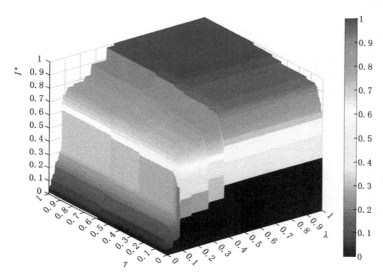

图 5-14 支付风险和恢复可能性同时变化下的风险传播结果

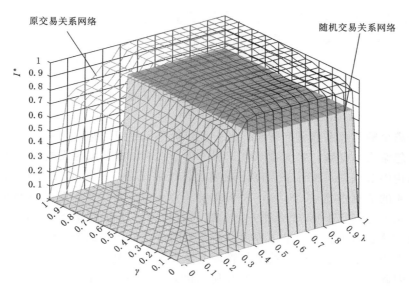

图 5-15 两种交易关系网络中支付风险和恢复可能性变化下的支付风险传播

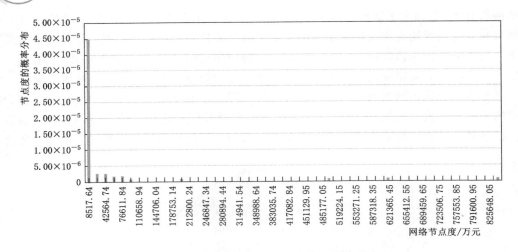

图 5-16 原交易关系网络节点度的概率分布

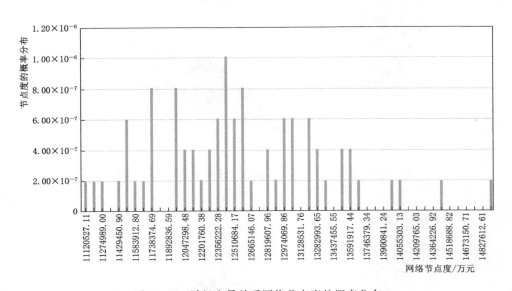

图 5-17 随机交易关系网络节点度的概率分布

　　为了分离金额和关系数量的影响，进一步分析项目组织结构，仅考虑利益相关方及其交易关系，忽略交易金额，将大型水电工程的项目组织结构抽象为无权网络结构。计算该无权网络结构中节点度，统计节点度出现频次，结果见表 5-4。由表中可以看出，节点度小于等于 4 的节点占比 82.81%，大于 5 的节点占比 17.19%，度的分布极度不均匀，大部分利益相关方仅有 1~4 个合作方，少数利益相关方具有大量合作方，与之前所得出的结论一致。这是由于大型水电工程建设涉及不同单位工程，每个单位工程下又可分为多个分部分项工程，不同工程间的技术与管理差异大，需要大量具有不同专业背景的参与方共同合作，因此，业主、总承包商等上游利益相关方往往会与其他利益相关方合作完成。然而，这种交易关系分布极度不均匀的组织结构模式对平行承包商的风险抵抗能力提出了更高要求，若业主或总承包商的资金运作出现问题，大多数利益相关方会受到影响，因为大多数平行承包商不具备业主和总承包商的资金管理能力，很容易受到影响。因此，水电EPC业主不仅要保证项目资金正常运转，也应选择财务状态优良的总承包商，而且标段划分数量不宜过多，标段规模大小应尽量平衡，确保标段承包商均具有较高资金风险抵抗能力。

表 5 - 4　　　　　　　组织结构网络的节点度、频数、频率以及其累计频率

节点度	频数	频率	累计频率	节点度	频数	频次	累计频率
1	29	0.4531	1	7	1	0.0156	0.1094
2	2	0.0312	0.5469	9	1	0.0156	0.0938
3	1	0.0156	0.5156	13	1	0.0156	0.0781
4	21	0.3281	0.5	24	2	0.0312	0.0625
5	3	0.0469	0.1719	26	1	0.0156	0.0313
6	1	0.0156	0.125	28	1	0.0156	0.0156

进一步提炼和挖掘组织结构模式特性，对节点度的累计频率进行拟合得到累计度分布，结果如图 5 - 18 所示，图中横纵坐标均为极坐标，累计度分布服从幂律分布 $y = 1.032x^{-0.8817}$（$R^2 = 0.9123$），且拟合程度良好。根据以往研究（Zhou et al.，2014，2015），当累计度分布服从幂律分布，复杂网络属于无标度网络。由此可见，本研究的利益相关方交易关系网络属于典型的无标度网络。无标度网络表现出的特征是少量节点具有大量的邻接节点，工程资源分配极度不均匀。

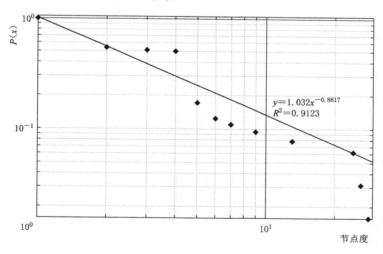

图 5 - 18　组织结构网络的累计节点度分布

5.6　控制风险传播的组织措施

为了保证工程的顺利进展，利益相关方之间可以采取风险分担、风险转移等形式共担风险。以支付风险为例，假定某一支付周期内，业主由于融资原因延期支付工程资金，施

工总承包商考虑前期资金投入与后期资金补偿可能性，决定继续施工，但由于自身资金能力限制，可以与其合作分包商、供应商协商共同承担一定时间内的资金缺口。

分析该大型水电工程项目管理模式可知，该工程采用了 EPC 总承包模式，设计—施工—采购均集中于总承包商，交易关系集成度高。按照资金流向划分，大部分利益相关方集中于组织中部，而且这些利益相关方均是风险抵抗能力较小的分部分项工程承包商。当总承包商延期支付工程款后，极有可能使大部分平行承包商遭受亏损，导致施工现场大面积停工。由此可以看出，虽然 EPC 组织模式相比于传统的 DB、DBB 模式降低了业主的管理难度，节约了管理成本，但也对承包商的风险抵抗能力提出了更高要求。若业主或总承包商的资金运作出现问题，大多数利益相关方会受到影响。水电 EPC 业主不仅要保证项目资金正常运转，也应选择财务状态优良的总承包商，而且标段划分数量不宜过多，标段规模大小应尽量平衡，确保标段承包商均具有较高资金风险抵抗能力。

除了项目利益相关方的自身能力和行为之外，项目的组织结构模式不仅是各利益相关方协调、沟通、配合、资源配置以及工程建设效率的重要保障（向鹏成、刘熠林，2018），而且与工程抵抗、处理内部和外部风险能力息息相关。在关系过于复杂的组织结构中，当某一利益相关方遭遇风险时，很可能通过复杂的相互关系波及其他利益相关方，不利于工程目标的实现，因此如何定量分析项目组织结构的特性，从宏观角度观测工程抗风险能力，是本节的核心目标。

5.7　本　章　小　结

（1）本章在第 4 章的基础上，将支付风险传播进一步延伸至对工程多个参与方的影响，研究了支付风险在利益相关方之间的传播特性。发包商支付工程资金，承包商完成相应施工任务，属于典型的支付交易关系，而大型水电工程建筑物种类丰富，涉及专业广泛，需要大量具有不同专业背景的利益相关方参与，从而形成了复杂的支付交易关系，本章将利益相关方抽象为节点，其支付交易关系抽象为边，构建了大型水电工程利益相关方交易关系网络。而且，支付风险仅在具有支付交易关系的利益相关方之间传播，因此，交易关系网络为研究支付风险在工程多主体之间的传播提供了重要的研究基础。

（2）本章在建立大型水电工程交易关系网络的基础上，构建了基于交易关系网络的支付风险传播模型。首先，考虑了利益相关方抵抗风险能力和消解风险能力，深入分析了支付风险在工程多个利益相关方之间的传播特点，为模型构建奠定了基础。然后，运用复杂网络理论中的网络特征参数，提出了利益相关方的风险抵抗阈值和风险消解阈值计算方法，解决了风险抵抗能力和风险消解能力表征困难的问题。最后，针对支付风险在交易关系网络中的传播具有复杂性、动态性以及离散性等特征，利用 CA 和 SIS 方法建立了基于 CA-SIS 支付风险传播模型，量化了利益相关方之间的相互影响关系和受支付风险传播影响后的经济状态转化过程，表征了支付风险在工程多主体之间的传播过程。

（3）将基于工程交易关系网络的支付风险传播模型运用于大型水电工程实例中，模拟仿真业主延期支付的风险传播过程，并通过对比不同模型参数，分析不同参数条件对风险传播过程和结果的影响。研究结果表明：①代表风险传播结果的稳定亏损率 I^* 随时间间

隔 t_d 的增加而减小，通过是否考虑风险消解能力的对比证明了本章所提出模型的合理性和可行性，同时发现利益相关方的抵抗风险能力对风险传播结果的影响更大；②无论模型参数如何变化，支付风险均具有三个传播阶段：首先，风险缓慢传播，然后，突然爆发，最后，风险传播影响趋于稳定；③从理论角度分析发现，案例中的交易关系网络节点度概率分布极为不均匀，异质性高，从实际工程角度分析发现，案例中的工程采用了 EPC 总承包管理模式，设计—施工—采购均集中于总承包商，交易关系集成度高，但抵抗风险传播能力较弱；④通过分析交易关系网络拓扑结构特征发现，该网络的度分布服从幂律分布，属于具有异质性特征的无标度网络。针对这种网络结构特征，本章从工程项目组织的角度提出了控制支付风险传播的措施。

第6章　协商博弈影响下大型工程交易网络中资金风险传播模型研究

6.1　引　　言

大型工程建设投资规模大，施工周期长，建筑物类型丰富，技术复杂且涉及专业广泛，包括不同种类的单位工程、分部分项工程等。因此，大型工程需要大量具有不同专业背景的利益相关方参与建设，而且合作交易关系极为复杂，例如，三峡工程仅一期、二期阶段的主体工程合同数量近 400 项（贺恭 等，2011），小浪底工程建设主体来自 50 多个国家（范林军，2010）。工程利益相关方一般不愿意接受风险，他们可能采取风险传播的方式将自身需要承担的资金风险转移给其他利益相关方（SCHOLNICK et al.，2013）。当这种资金风险被传播或转移至资金周转能力较差的利益相关方时，极有可能造成承包项目亏损，严重时会导致企业破产（ANDALIB et al.，2018）。为了自身利益最大化和损失最小化，亏损利益相关方会继续转移风险，从而影响其他利益关联方。如果不能制定有效的风险传播控制方法，一旦风险加剧并继续发展，会波及大量相互合作的利益相关方，造成施工现场大面积停工，甚至导致工程失败（郝生跃，刘玉明，2005）。因此，探索资金风险对大型工程利益相关方的影响机制对保证工程参与方收益和工程效益具有十分重要的意义。

虽然利益相关方的相互合作推进了工程建设，但资金风险触发后，错综复杂的合作交易关系为其提供了可能的传播路径。为探索风险的复杂传播过程，国内外研究学者将利益相关方之间、利益相关方与风险因素之间的关系抽象为复杂网络。Yang et al.（2014）、Li et al.（2016）、Wang（2017）、Mok et al.（2017）、Yu et al.（2017）利用问卷调查理清了利益相关方之间、风险因素之间的相关关系，基于利益相关方与对应风险因素间的关系映射，建立了利益相关方—工程风险因素的双层复杂网络。工程风险在利益相关方网络中级联传播，波及各个利益相关方，最后演化为整个系统的影响。这种动态传播特征对传统的风险研究方法提出了挑战。国内外研究学者针对各类风险网络传播问题展开了诸多探索，分别模拟了失效风险在电力网络（EUSGELD et al.，2009）、天然气网络（CARVALHO R et al.，2009）、供水管网（TORRES et al.，2009）、交通网络（XU et al.，2007）、工艺流程网络（袁健宝 等，2019，）、信息系统网络（杨宏宇 等，2021）等各种网络中的传播过程。然而，以相关方为要素的社会网络与上述网络不同，其风险传播主体会对风险做出响应，从而影响风险传播，而且这种响应行为具有动态演化和自主适应特性（左虹 等，2019；张湖波 等，2019）。例如：网民可以对食品舆论信息进行甄别（洪巍 等，2017），研发网络中的企业具有风险感知（刘慧 等，2019）、自适应行为（杨乃定 等，2020）。在资金风险传播过程中，利益相关方拥有各自的资金运营模式，他们具备风险抵抗能力与风险转移能力（CHEN et al.，2018）。

上述研究揭示了不同类型网络中相应风险的传播路径、特性以及机理，为解决资金风险在利益相关方之间的传播问题提供了重要参考与理论基础。但是，不同类型风险具有不同的传播属性。资金风险的传播路径与介质为工程交易关系，而且，工程利益相关方除了具备风险抵抗能力，还可以通过协商的方式与合作者分担风险。如何表征利益相关方的工程属性，科学刻画资金风险传播过程，是本书亟待解决的内容。首先通过分析工程利益相关方的工程交易关系，构建工程交易关系网络，明确风险可能的传播路径；然后分析资金风险传播特性，构建量化模型；最后，对模型进行实例仿真，分析风险传播特征，探索风险传播影响，为制定风险传播控制措施提供理论依据。

6.2　风　险　传　播　特　性

不同于一般工程，大型工程建设蕴含着大量复杂和不确定性因素。利益相关方需要面对工程系统内外部复杂多变环境，加之自身认知能力限制、偏好差异以及利益最大化驱使等行为因素，使得利益相关方之间的工程交易存在着各种类型的资金风险：支付计划与施工进度不一致导致的资金成本增加或者资金短缺风险，合同执行不力导致的资金风险，不确定性因素导致的工程成本超支风险等。这些资金风险会经过交易关系不断扩大，造成更加恶劣的结果。本书专注于分析某一利益相关方资金风险对其他利益相关方的影响。

若位于资金流"上游"的利益相关方传播资金风险，"下游"利益相关方的资金流会出现负值。当负资金流超过企业自身资金承受能力时，亏损出现。为了避免承担资金风险，亏损利益相关方会继续向其"下游"利益相关方传播风险，其过程如图 6-1 所示。但在此过程中，为了确保工程顺利完工、避免合作破裂，"上游"利益相关方会承担一部分损失，而且"下游"利益相关方作为理性行为人，也不会接受全部风险。

依据上述描述，将资金风险传播过程抽象为图 6-2。利益相关方 S_1 作为风险传播源，将资金风险 $\lambda\eta$ 传播给"下游"利益相关方 S_2，其中 λ 为资金风险率，η 为风险传播带来的损失。由于 S_2 的风险阈值 $\gamma_2 < \lambda\eta$，其正常状态被转化为亏损状态。为了自身利益，S_2 继续向利益相关方 S_3 传播风险。但 S_3 不会被动接受全部风险，而是与 S_2 进行协商博弈，风险在传播过程中存在一定的损耗，呈现传播衰减效应。设 S_2 承担风险比例为 r，S_2 传播给 S_3 的风险比例为 $1-r$，则 S_2 承担风险 $r\lambda\eta$，S_3 承担风险 $(1-r)\lambda\eta$。由于 $(1-r)\lambda\eta$ 大于 S_3 的风险阈值 γ_3，其正常状态被转化为亏损状态，而 $r\lambda\eta < \gamma_2$，S_2 由亏损状态转化为正常状态。SIS（Susceptible-Infected-Susceptible）方法是一种用于描述传染病传播过程的量化模型。在该模型中节点由易感状态转化为感染状态，再转化为易感状态。对比分析资金风险传播特性，利益相关方由正常状态转化为亏损状态，再转化为正常状态，与 SIS 模型一致。因此，资金风险传播过程可用 SIS 方法表征。由于资金风险仅发生于具有交易关系的利益相关方之间（例如：监理与承包商之间是监督与被监督关系，不

存在交易关系，不会发生风险传播），工程交易关系网络为该风险提供了可能的传播路径。以杨房沟水电站为例，业主 Owner 与总承包商 PC 的风险传播路径，如图 6-3 所示。

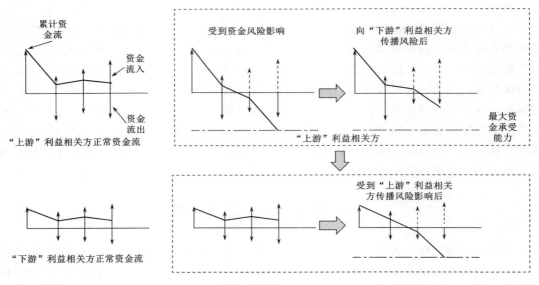

图 6-1　风险传播后的利益相关方资金流变化情况

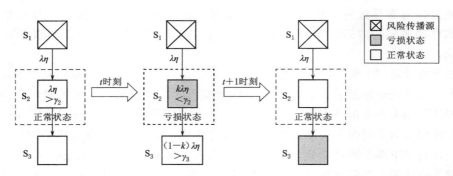

图 6-2　资金风险在两个利益相关方之间传播

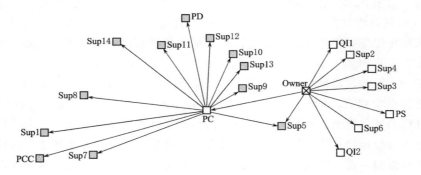

图 6-3　资金风险在多个利益相关方之间传播

6.3 基于工程交易关系网络的风险传播模型

上述工程交易关系网络的构建和风险传播特性的分析为表征风险传播路径和传播属性建立了关键基础，本节将基于此，先运用无限回合讨价还价博弈方法，确定两方风险传播比例，再综合元胞自动机（CA）和 SIS 方法，表征风险在工程交易关系网络中的传播过程。

6.3.1 两方风险传播

为争取损失最小化，利益相关方之间会对自身所需要承担的风险展开谈判（潘顺荣，2019）。本文运用无限回合讨价还价博弈方法，建立完全信息的协商博弈过程，解析子博弈纳什均衡，确定理性利益相关方之间的风险传播比例。以图 6-2 为参考，当风险传播至 S_2 时，S_2 提出自身承担的风险比例，若 S_3 接受 S_2 的提议，第一轮博弈结束。否则进入第二轮谈判，由 S_3 提出自身承担的风险比例，若 S_2 同意，博弈结束。否则继续第三轮谈判，不断重复协商过程，直到达成共识。

S_2 承担风险比例为 r，则传播给 S_3 的风险比例为 $1-r$。双方围绕 r 的大小展开博弈：

第一轮：S_2 提出自身承担风险比例为 r_1，则传播给 S_3 的风险比例为 $1-r_1$。设 S_2 的风险期望值为 $A_1=r_1$，S_3 的风险期望值为 $B_1=1-r_1$。

第二轮：S_3 不接受第一轮 S_2 的提议，博弈进入第二轮。由 S_3 提出自身承担风险比例 r_2，则 S_2 承担 $1-r_2$。由于谈判过程存在成本损耗，第二轮双方风险期望值分别为：$A_2=r_2\delta_1$，$B_2=(1-r_2)\delta_2$，其中，δ_1、δ_2 为谈判损耗系数，δ_1、δ_2 均大于 1，用于表示博弈过程双方所消耗的谈判成本。

第三轮：S_2 不接受第二轮结果，博弈进入第三轮，由 S_2 提出自身承担风险比例 r_3。每多一轮谈判，双方承担的谈判成本越高。由此可得第三轮双方风险期望值分别为

$$A_3=r_3\delta_1^2, B_3=(1-r_3)\delta_2^2。$$

……

虽然逆推归纳法无法适用于无限回合博弈模型求解，但 Shaked 和 Sutton 在 1984 年提出无论将第三轮还是第一轮设置为逆推基点，最终结果不变。基于该理论，将第三轮设定为逆推基点，即：$A_3=r_3\delta_1^2$，$B_3=(1-r_3)\delta_2^2$。回顾第二轮博弈，如果 S_3 提出自身承担风险比例 r_2，S_2 肯定拒绝方案，谈判破裂，博弈不得不进入第三轮。由于是完全信息博弈，S_3 知道 S_2 对此方案的响应行为。考虑随着谈判过程的推进，双方的谈判成本、时间成本、机会成本会不断损耗，博弈双方的谈判损失逐渐增加。为避免进入第三轮博弈的损失，S_2 在第二轮的风险期望值 A_2 应小于等于其在第三轮的风险期望值 A_3。因此，S_3 在第二轮的最优策略为

$$\begin{aligned} A_2 &= A_3 \\ r_2\delta_1 &= r_3\delta_1^2 \end{aligned}$$

$$(6-1)$$

得出 S_3 在第二轮中风险期望值 B_2 为

$$B_2 = (1 - r_3 \delta_1) \delta_2 \tag{6-2}$$

同理,反推回第一轮,如果 S_3 在第一轮的风险期望值 B_1 大于其在第二轮的风险期望值 B_2,S_3 不会同意 S_2 的提议,谈判进入第二轮,S_2 自身的谈判损失将增加,而且在第二轮中 S_2 处于被动地位。因此,为了避免博弈进入第二轮,B_1 应小于或者等于 B_2。因此,S_2 在第一轮的最优策略为:

$$B_1 = B_2$$
$$1 - r_1 = (1 - r_3 \delta_1) \delta_2 \tag{6-3}$$

在无限回合博弈中,设置第一轮或者第三轮为逆推起点,博弈一方所承担的风险最小值相等(李林 等,2013),即:$r_1 = r_3$。将其带入式(6-3)中,得到:

$$r_3 = \frac{1 - \delta_2}{1 - \delta_1 \delta_2} \tag{6-4}$$

则

$$1 - r_3 = \frac{\delta_2 - \delta_1 \delta_2}{1 - \delta_1 \delta_2} \tag{6-5}$$

S_2 和 S_3 两者之间的子博弈纳什均衡,即理性利益相关方之间的风险传播比例如下:

$$r = \frac{1 - \delta_2}{1 - \delta_1 \delta_2}, \quad 1 - r = \frac{\delta_2 - \delta_1 \delta_2}{1 - \delta_1 \delta_2} \tag{6-6}$$

值得注意的是一个"上游"利益相关方会有多个"下游"利益相关方。如果考虑每个利益相关方具有不同的损耗系数,模型会极为复杂,而且无法分析协商博弈对风险传播的影响。因此,将"上游"与"下游"利益相关方的损耗系数分别设定为 δ_1 与 δ_2。

6.3.2　多方风险传播

为了减小各种实际因素所造成的模型高度复杂性,需做出如下合理假设:①利益相关方仅存在正常状态和亏损状态两种;②利益相关方仅受其直接交易关联者影响;③利益相关方出现亏损状态时,交易关系不会被终止。基于前文的分析,资金风险在众多利益相关方之间传播受其决策行为影响,具有动态性、复杂性、离散性等特征。元胞自动机是一种用于描述由大量连通单元组成的复杂离散系统和仿真模拟系统动态演化过程的方法(WANG et al.,2015)。因此,基于 CA-SIS(Cellular Automata Susceptible-Infected-Susceptible)联合方法,利用(C,Q,V,F)表征资金风险在利益相关方之间的传播过程。

6.3.2.1　元胞空间 C

每个利益相关方视为一个元胞。元胞空间表示利益相关方集合 N:

$$C = N \tag{6-7}$$

6.3.2.2　状态集 Q

Q 是利益相关方的经济状态集合,包括两种状态:0 表示正常状态,1 表示亏损状态。$S_{i,t}$ 表示利益相关方 i 在 t 时刻的经济状态:

$$S_{i,t} = \begin{cases} 1, & \text{亏损状态} \\ 0, & \text{正常状态} \end{cases} \tag{6-8}$$

6.3.2.3　元胞邻接矩阵 V

利用 $V = [v_{ij}]_{N \times N}$ 表示工程交易关系网络的赋权邻接矩阵,V_{ij} 表示利益相关方 i 和利

益相关方 j 的交易关系：

$$V_{ij} = \begin{cases} v_{ij}, & \text{利益相关方 } i \text{ 与 } j \text{ 之间存在交易关系} \\ 0, & \text{利益相关方 } i \text{ 与 } j \text{ 之间无交易关系} \end{cases} \quad (6-9)$$

式中：v_{ij} 表示 i 与 j 之间的交易总金额。

6.3.2.4 状态转化过程 F

首先，每个利益相关方均具备风险抵抗能力。刘慧等（2019）运用复杂网络理论，提出了一种相对风险阈值 $\gamma(0 < \gamma < 1)$ 计算方法。其核心思想是节点度及其邻接节点度越大，节点的风险抵抗能力越强，此方法的优势在于比较资金风险 $\lambda\eta$ 与风险阈值 $\gamma\eta$ 时，避免了延期风险损失 η 的计算，从而简化了风险抵抗能力的表征。但是，不同利益相关方的交易金额差别巨大。例如，某大型工程单位工程的承包商合同金额 20 亿元，而某金属构件供应商的合同金额仅为 10 万元，数值的巨大差异会造成节点度的极大差异性，从而严重影响了原始风险阈值计算合理性。为避免这种不均衡性，Chen 等（2018）对风险阈值原始计算公式进行如下改进：

$$\gamma_i = \frac{D_i + \sum_{m \in \Gamma_i} D_m}{\max\{(D_j + \sum_{l \in \Gamma_j} D_j \mid j = 1, 2, \cdots, N)\}} \quad (6-10)$$

式中：γ_i 为利益相关方 i 的风险阈值；$D_i = \sum_{m \in \Gamma_i} v_{im}$，为节点 i 的度；Γ_i 为利益相关方 i 的合作者集合；m 为 i 的合作者之一；Γ_j 为利益相关方 j 的合作者集合；l 为 j 的合作者之一。

其次，i 在 $t+1$ 时刻的经济状态 $S_{i,t+1}$ 取决于两个因素：①i 在 t 时刻的经济状态 $S_{i,t}$；②合作者的风险传播行为。若 i 在 t 时刻表现出正常状态，其亏损发生的概率随着亏损合作者数量增加而逐渐增加。当合作者们的资金风险概率超过了 i 的风险阈值 γ_i，则 i 的正常状态转化为亏损状态，反之为正常状态。描述利益相关方状态转化函数如下：

$$S_{i,t+1} = \begin{cases} 0, & 1 - \prod_{j \in \Gamma}[1 - \lambda_j(1-r)]^{a_{ij}S_{i,t}} \leqslant \gamma_i \\ 1, & 1 - \prod_{j \in \Gamma}[1 - \lambda_j(1-r)]^{a_{ij}S_{i,t}} > \gamma_i \end{cases} \quad (6-11)$$

式中：$1-r$ 为风险传播比例；若 i 与 j 存在直接交易关系，则 $a_{ij}=1$，否则，$a_{ij}=0$；λ_j 为未考虑协商博弈影响下 j 向 i 的资金风险概率，j 向 i 传播风险后，其自身所承担的风险变为 $\lambda_j r$，i 承担 $\lambda_j(1-r)$；$1 - \prod_{j \in \Gamma}(1 - \lambda_j(1-r))^{a_{ij}S_{i,t}}$ 为 i 所承担风险随着处于亏损状态的合作者数量增加而增加，当 $1 - \prod_{j \in \Gamma}(1 - \lambda_j(1-r))^{a_{ij}S_{i,t}} \leqslant \gamma_i$，$i$ 保持正常状态，反之，被转化为亏损状态。

最后，利用亏损率衡量资金风险在利益相关方之间传播的结果。亏损率是 N 个利益相关方中亏损利益相关方所占比率 $I(t)$：

$$I(t) = (1/N) \sum_{i=1}^{N} S_{i,t} \quad (6-12)$$

式（6-12）也表达了风险传播随时间的演化过程，当亏损率 $I(t) = 1$ 时，表示所有的利益相关方均处于亏损状态。

6.4 实例分析

6.4.1 风险传播特征分析

以第2节中大型水电 EPC 工程为例,设定业主向总承包商传播的初始风险率 $\lambda = 1$,资金流"上游"与"下游"利益相关方的损耗系数分别为 $\delta_1 = 4, \delta_2 = 4.2$。利用 MAT-LAB 仿真风险传播过程,观测亏损率 I 随时间 t 推移的动态变化规律,结果如图 6-4 所示。图 6-5 进一步展示了利益相关方被影响的具体情况,其中图 6-5(a)、图 6-5(b)、图 6-5(c),分别表示图 6-4 中 $t=1$,$t=2$ 和 $t=3$ 时刻的利益相关方状态,深色节点表示亏损状态的利益相关方,浅色节点表示正常状态的利益相关方。由图 6-4 和图 6-5 可知,风险发生后,大量利益相关方出现亏损,当亏损率 I 达到亏损率最大值 I_{max} 后,一些利益相关方将风

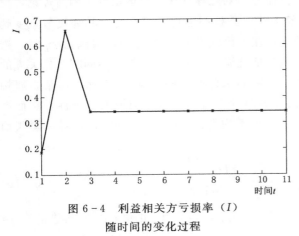

图 6-4　利益相关方亏损率(I)随时间的变化过程

险传播给其"下游"利益相关方,自身恢复正常状态,I 开始下降,直至达到亏损率稳定值 I^*。其规律与韩海艳等(2017)、铁瑞雪等(2018)的研究结果一致,这证明了模型的合理性。

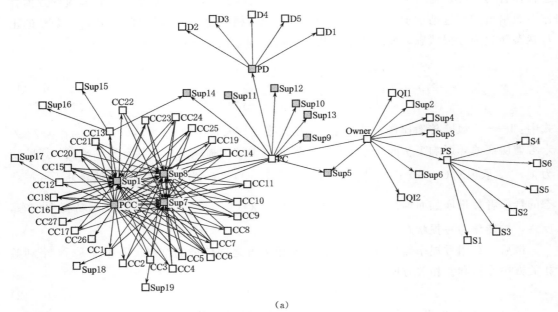

(a)

图 6-5(一)　利益相关方状态随时间的变化过程

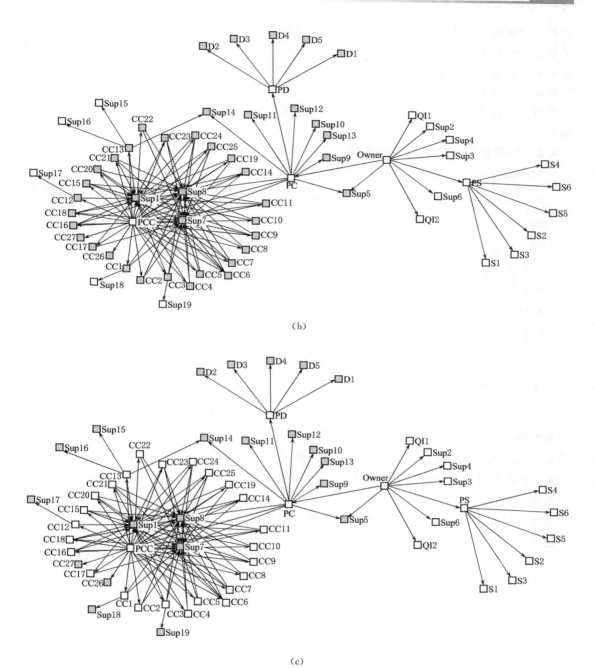

（b）

（c）

图 6-5（二）　利益相关方状态随时间的变化过程

通过分析发现，该工程的风险传播与其组织模式密切相关。由于采用了 EPC 总承包模式，设计—施工—采购均集中于总承包商，交易关系集成度高。按照资金流向划分，大部分利益相关方集中于组织中部，而且这些利益相关方均是风险抵抗能力较小的分部分项工程承包商。当总承包商传播风险后，极有可能使大部分平行承包商遭受亏损，导致施工现场大面积停工。由此可以看出，虽然 EPC 组织模式相比于传统的 DB、DBB 模式降低了业主的管理难度，节约了管理成本，但也对承包商的风险抵抗能力提出了更高要求。若业主或总承包商的资金运作出现问题，大多数利益相关方会受到影响。因此，大型 EPC 工程业主不仅要保证项目资金正常运转，也应选择财务状态优良的总承包商，而且标段划分数量不宜过多，标段规模大小应尽量平衡，确保标段承包商均具有较高资金风险抵抗能力。

6.4.2　协商博弈对风险传播的影响

为分析协商博弈对风险传播的影响，仿真未考虑利益相关方协商博弈的风险传播过程。

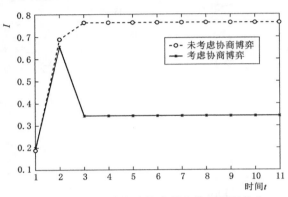

图 6-6　考虑和未考虑协商博弈的利益相关方
亏损比率（I）随时间变化过程

程。初始风险率 λ 仍被设定为 1，仿真结果如图 6-6 中虚线所示。通过对比考虑协商博弈和未考虑协商博弈的风险传播过程，如图 6-6 所示，可以看出利益相关方之间的协商博弈削弱了风险传播影响，呈现出衰减效应。为控制资金风险的传播提供了参考，即无论工程款支付方还是被支付方都应尽量承担风险，有利于项目建设的正常运行。

为了进一步深入分析，以步距 1 同时离散增加 δ_1 与 δ_2，观测 I^* 变化，结果如图 6-7 所示。图中曲面上每个离散点表示不同 δ_1 与 δ_2 组合下的 I^*。可以看出随着 δ_1 与 δ_2 的增加，最终亏损的利益相关方数量增多，风险传播的结果变得更恶劣。因为 δ 越大意味着双方就风险承担比例谈判的时间越长，相当于风险持续时间越长，被支付方自身垫资越多，亏损可能性越大。另外，相比于 δ_2，δ_1 对风险传播结果影响更大，进一步明确了支付方支付风险持续时间越长，最终亏损的利益相关方数量越多，工程停工的可能性越大。

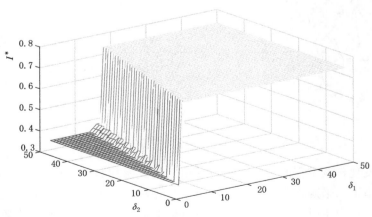

图 6-7　博弈损耗系数变化时的亏损率稳定值 I^*

上述研究结果仅考虑了 δ 的变化，设定 λ 从 0.6 至 1 以步距 0.01 离散增加，δ_1 从 3 至 50 以步距 1 离散增长，同时设定资金流"下游"利益相关方损耗相对更大，$\delta_2 = 1.05\delta_1$，观测模型参数变化对 I^* 的影响，如图 6-8 所示。图 6-8 显示，当 λ 超过一定数值时，I^* 会出现激增突变，而且 λ 大于 δ_1 对 I^* 的影响，这表明初始资金风险存在临界值。若是资金方风险超过一定阈值，利益相关方迅速出现亏损，组织模式调整、协商谈判等风险传播控制措施均将失效。

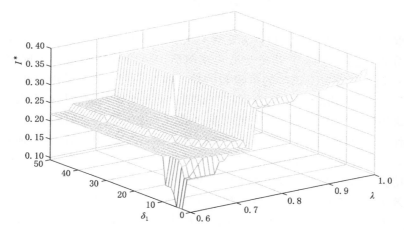

图 6-8 博弈损耗系数 δ 与初始风险率 λ 同时变化时的亏损率稳定值 I^*

6.4.3 资金传播风险防范对策

通过分析发现，资金风险在工程交易网络中的传播与其组织模式密切相关。按照资金流向划分，大部分利益相关方集中于组织中部，而利益相关方数量与风险损失关联性较大，呈现激增突变特点。因此，针对大型水电工程总承包项目组织特点，提出资金传播风险"规避—减低—预防—分散—自留"的防范对策。

（1）规避对策。如果水电工程总承包项目风险威胁太大，风险量和发生的可能性都很大，难以承担和控制风险，便应当在承包之前放弃承包，以免造成更大的风险损失。可以制定并执行企业制度禁止实施某些活动、依法规避某些可能造成风险的行为。

（2）减低对策。当总承包商传播风险后，极有可能使大部分平行承包商遭受亏损，导致施工现场大面积停工。大型 EPC 工程业主不仅要保证项目资金正常运转，也应选择财务状态优良的总承包商，而且标段划分数量不宜过多，标段规模大小应尽量平衡，确保标段承包商均具有较高资金风险抵抗能力。

（3）预防对策。虽然 EPC 组织模式相比于传统的 DB、DBB 模式降低了业主的管理难度，节约了管理成本，但也对承包商的风险抵抗能力提出了更高要求。资金源头管理者应密切观测风险萌芽，采取组织措施预防风险，减少已存在风险因素，减低风险事件发生概率。

（4）分散对策。考虑协商情景下的资金风险传播结果发现其呈现衰减效应，无论工程款支付方还是被支付方都应尽量承担风险，把风险分散给其他单位，通过合同协商条款，约定相关方包括业主、分包人、合伙人、供应商等利益关联，有利于项目建设的正常运行。

（5）自留对策。总承包单位对于已知风险，可动员项目资源予以减少；对于可预测和不可预测风险，应尽量通过假定和限制条件，降低到风险可以被接受的水平。通过组织模式调整、协商谈判等措施，将有些不太严重的已知风险造成的损失由自己承担下来。

6.5　本　章　小　结

通过提取大型工程建设利益相关方交易关系，构建了工程交易关系网络，结合资金风险传播特性分析，提出了基于工程交易关系网络的风险传播模型。实例仿真分析大型 EPC 工程建设业主传播资金风险的过程和结果，研究表明：①随着时间的推移，该工程利益相关方亏损数量先增加后减少最后趋于稳定；②相比于其他项目组织模式，交易关系集成度高的组织模式对承包商的风险抵抗能力提出了更高要求。因此，大型 EPC 工程的业主不仅要保证项目资金正常运转，也应选择财务状态优良的总承包商，而且标段划分数量不宜过多，标段规模大小应尽量平衡，确保标段承包商均具有较高资金风险抵抗能力；③分析协商博弈对风险传播影响，发现利益相关方之间的协商博弈削弱了风险传播范围，呈现出衰减效应，但是利益相关方协商时间越长，资金风险持续时间越长，项目亏损范围越大，因此，无论工程款支付方还是被支付方都应尽量承担风险和缩短协商时间，有利于项目建设的正常运行；④资金风险传播存在临界值，超过一定金额，利益相关方会迅速出现亏损，组织模式调整、协商谈判等风险传播控制措施均将失效。

本书突出了风险传播衰减特性，丰富了风险传播理论的研究现状，而且利用风险率传播探索了工程组织模式的稳定性，对制定风险传播控制方法具有重要意义，同时分析了风险持续时间长短和风险大小对工程利益相关方的影响，为研究项目主体不当行为对工程的影响提供了参考。

第7章 支付风险传播影响下的工程进度风险评估

7.1 引　言

资金支付与工程进度执行相互联系、相互制约，进度延后将推迟项目投产和收益，导致资金时间价值的损失，加快工程进度则需要额外投入工程资金（苏菊宁 等，2009）。而且，工程进度安排由承包商决定，进度款由发包商支付，承包商与发包商的利益也是相互联系、相互冲突（李兰英 等，2017）。虽然支付风险会诱发工程安全与质量问题，但工程进度风险是最直接、最易出现的后果。前面章节内容已经详细阐述了资金支付风险发生的原理、承包主体内部的传播特性以及工程多主体之间的传播特性。当位于工程资金链"上游"的业主或总承包商延期支付或少付进度款时，随着资金流入的减少，"下游"承包商会采取垫资的形式维持一定的成本支出。不同承包商的资金承受能力、支付意愿以及对发包商的信任程度不同，资金承受能力强且愿意承担资金风险的承包商具有更强的抵抗支付风险能力，这类承包商不会继续传播风险；资金承受能力小或不愿承担资金风险的承包商极有可能向其分包商传播风险。虽然不同承包商具备不同的资金能力、风险偏好等属性，但是，当支付风险超过了承包商的风险承受能力时均会发生亏损。为了避免违约、保证工程正常施工，标段项目承包商会将支付风险继续传播给"下游"的分包商、供应商等，支付风险由单一承包主体传播至多个工程主体。

位于资金链"下游"的利益相关方大多为劳务分包商和材料供应商，风险承受能力一般较弱。然而，这些企业是工序活动的直接执行者，一旦受到支付风险传播的影响，施工现场会出现人员窝工、机械设备闲置、材料拖延供应等现象，直接影响工程进度计划的执行，即：支付风险传播诱发工程进度风险。由此可见，支付风险具有由单方传播至多方且最终演变为进度风险的特性。研究支付风险传播对工程进度的影响程度对大型水电工程投资方资金使用行为的风险分析、及时调整投融资方向和方案决策、优化资金使用和工期风险管理，以及对承包商有效配置施工资源均具有十分重要的意义。因此，本章在第4章和5章研究内容的基础上，继续探索支付风险传播对工程进度的影响，评估支付风险诱发的工程进度风险，揭示支付风险传播的重要工程特性。

通过第5章的研究可以获得受支付风险影响的工程利益相关方，如何确定其施工行为对工序的影响是本章重点。某一工序活动通常包含了多种劳务分包商或材料供应商，而且不同工序活动涉及的利益相关方不同，例如，混凝土浇筑包括浇筑人员和机械、混凝土和钢筋供应商，但土石方开挖较少涉及材料供应商。当劳务分包商和材料供应商受到支付风险影响时，各工序活动所受影响程度不尽相同。本章利用第 4 章提取的支付风险可能诱发因素，结合不同工序活动的施工特征，建立利益相关方对工序活动的影响关系。以往学者们已经对此展开了相关研究，Yang et al.（2014）、Lie et al.（2016）、Wang et al.（2017）、Mok et al.（2017）、Yu et al.（2017）分析了利益相关方之间、风险因素之间以及利益相关方与因素之间的相关关系，建立了利益相关方—工程风险因素的双层复杂网络，这说明了利益相关方与风险因素之间具有密切的联系，利益相关方的行为会诱发风险。基于此，本章利用支付风险影响下可能导致的风险因素作为利益相关方对工序活动的影响关系，基于第 4 章的利益相关方网络和第 5 章的工程风险网络，结合工程进度网络，建立组织—工序耦联网络结构，探究支付风险向工程进度风险演化的特性。

7.2　支付风险向工程进度风险演化的过程分析

7.2.1　组织—工序耦联网络

大型水电工程设计复杂，建设体量大，施工工序多，大量的工序活动通过前后衔接、平行执行等相互关联方式形成工程进度网络。由于不同工序施工技术差别较大，需要不同专业背景的参与方进行施工。结合前文分析可知，大型水电工程参与方之间的关系十分复杂，而且不同合同类型下的项目组织关系不同，可用组织网络抽象表征。部分利益相关方是工程进度的直接执行者，从而形成了工程进度网络与利益相关方网络的关联关系，本书利用组织—工序双层耦联网络综合表示大型水电工程利益相关方组织关系、工序活动及其两者耦联关系。利益相关方之间的组织关系多种多样，资金支付的项目组织关系表现为交易关系，因此本书的组织网络为交易关系网络，由工程利益相关方及其交易关系构成。工序网络是由工序活动及其链状时序关系构成，其网络节点是整个工程进度中的工序活动。值得注意的是，工序活动可能位于关键线路上，也可能位于非关键线路上，若执行关键线路上工序活动的利益相关方受到影响而停工，将直接造成总工期的延后，非关键线路上工序活动的利益相关方停工时间过长，会导致新的关键线路出现，也可能延误总工期。

组织—工序耦联网络的节点关系可分为三类：利益相关方之间的交易关系、工序活动之间的搭接关系以及利益相关方与工序活动的耦联关系。交易关系已在前文中详述，工序活动搭接关系是工程项目的自身属性，利益相关方与工序活动之间的耦联是本章研究的重点。目前，研究一般仅将不同类型网络之间的关系设定为有关系或者无关系两种，有关系用 1 表示能够传递异质网络之间的信息，无关系用 0 表示无法传递信息（张延禄，杨乃定，2015；王京北 等，2019）。但是，工程进度网络中不同类型的工序活动受支付风险影响不同，因此，本书将不同工序活动执行者亏损可能诱发的进度风险因素作为连接两种网络的耦联关系，用于体现不同类型工序活动的差异性，同时反映支付风险传播影响可能性和影响程度的不确定性，组织—工序耦联网络概化图，如图 7-1 所示。

7.2.2　支付风险跨网传播的多重不确定性分析

支付风险传播的整个过程大致分为三步：第一步，影响承包商，导致其亏损；第二步，诱发更多利益相关方亏损；第三步，工序活动直接执行的利益相关方亏损后影响工程进度。由于大型水电工程的施工不确定特征，支付风险传播最终对工程进度的影响也具有不确定性，而且具有多重不确定性，以图 7-2 为例说明支付风险传播对工程进度影响的多重不确定性。

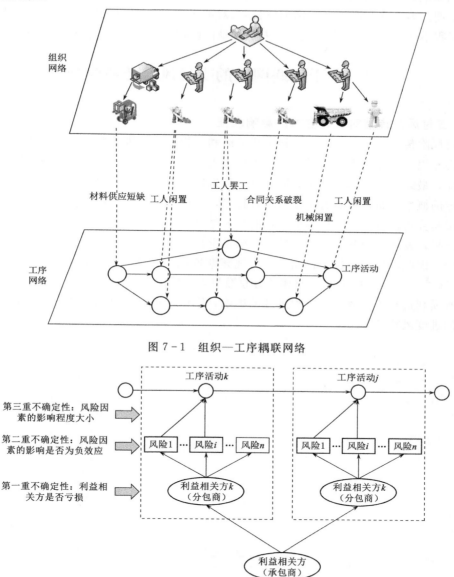

图 7-1　组织—工序耦联网络

图 7-2　支付风险传播对工序活动的多重不确定性影响图

第一重不确定性，支付风险传播导致利益相关方亏损的不确定性。该类不确定性已经在第 4 章和第 5 章中展开了深入研究，即不同工序活动受到支付风险传播的影响不同，这取决于工序活动的执行者是否受到支付风险的影响。第二重不确定性，由于不同的活动类型，工序活动执行者受到的影响存在多种情况，例如，土石方开挖分包商的人工和机械效率降低，钢筋供应商的材料供应短缺，设计方的设计方案延期，甚至合同破裂退场等。但风险因素的影响一般存在正负两面性，被诱发的风险因素对工程进度影响也存在正面影响或者负面影响，例如合同破裂退场后，承包商引入了施工技术更加熟练的分包商，弥补了延后的工期。第三重不确定性，不同风险因素对不同工序活动影响程度不确定性，例如，与混凝土工程不同，土石方开挖不会受到材料短缺的影响，也不会受到材料质量问题的影响。

7.3 基于耦联网络的支付风险传播模型

7.3.1 支付风险传播对工程多方的影响表征

支付风险传播是通过影响执行施工任务的利益相关方，进而影响工程进度。根据第 5 章，最终亏损利益相关方由支付风险发生概率大小及其传播特性决定，而两者均具有随机性，因此，最终亏损的利益相关方同样具有随机性。本章设定亏损利益相关方的出现频率服从一定的概率分布，然后通过模拟仿真技术，随机产生亏损的利益相关方，为执行施工任务的影响分析提供基础。根据第 5 章的研究结果，大量仿真支付风险在交易关系网络中的传播结果，发现亏损利益相关方数量多的情况出现频繁，亏损利益相关方数量少的情况反而较少。因此，设定亏损利益相关方出现频率近似服从该规律的概率密度函数，例如，$f(x) = \lambda e^{-\lambda(n-x)}$，其中 n 为利益相关方总数量，如图 7-3 所示，图中 n 为 5。另外，为了分析亏损利益相关方数量对工程进度的影响，案例分析中将对比多种不同概率密度函数条件下的进度风险计算结果。

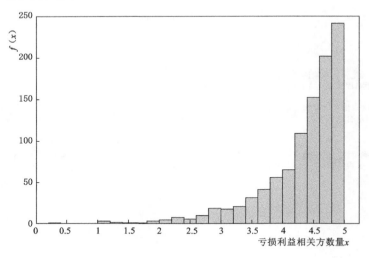

图 7-3 亏损利益相关方数量的频数图

7.3.2 多方亏损对工程进度的影响表征

7.3.2.1 CSRAM 概述

相关性进度风险分析模型（Correlated Schedule Risk Analysis Model，CSRAM）是一种考虑了风险因素与工序活动之间相关性的施工进度风险仿真方法，可实现施工进度计划的不确定性评价（Ökmen et al.，2008）。实际工程中会出现多个工序活动受同样因素影响，如果这些工序活动具有相关性，可能均受到同一风险因素的影响而导致事件延长。以往确定相关性的方法需要根据大量历史数据计算相关性系数，而 CSRAM 可利用定性评估方法减少模型输入数据的复杂性。另外，一般风险分析方法重点关注于风险的负面影响，而 CSRAM 同时考虑了风险因素的正面效应与负面效应，提高了进度风险的仿真精度。CSRAM 考虑风险因素与工序活动之间的相关性如图 7-4 所示。

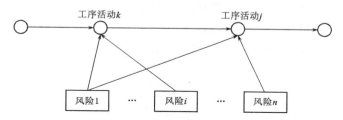

图 7-4　工序活动与风险因素之间的相关性

CSRAM 每一次仿真步骤中产生两次随机数，第一次是风险因素对工序活动的影响情况，一般分为好于预期、预期和差于预期，好于预期表示风险因素的正面影响，差于预期表示风险因素的负面影响，预期表示无影响；第二次是产生风险因素对工序活动的影响程度，一般分为很显著、显著和不显著。然后将风险因素的影响情况和影响程度作用于工序活动持续时间，结合关键路径法（CPM）计算工程完工时间。通过 Monte Carlo 多次迭代仿真，便可以对仿真结果进行均值、标准差、概率分布等统计特征分析，为工序活动进度的安排和风险控制提供理论依据。CSRAM 的一般流程如图 7-5 所示。

7.3.2.2　基于改进 CSRAM 的多方亏损对工程进度的影响

传统的 CSRAM 产生了两次随机数，用于表征风险因素的双重不确定性，然而，支付风险传播对工程进度的影响涉及三重不确定性，即利益相关方是否影响对应工序活动的不确定性、风险因素影响情况的不确定性及其影响程度的不确定性。在支付风险传播对工程进度的影响过程中，上游利益相关方将风险传播给负责工序活动执行的利益相关方，结合第 5 章的研究结果，工序活动执行者具有风险抵抗能力，当其抵抗能力低于所承受的支付风险时亏损状态出现。亏损利益相关方由于缺少工程资金，可能会出现材料短缺、工人闲置、机械闲置、工人罢工、偷工减料等情况，甚至诱发合作关系破裂，亏损利益相关方提前退场，这些可能发生的风险因素均有拖延工程进度的可能性，未出现亏损的利益相关方则会按照工程进度计划继续施工。支付风险传播导致利益相关方亏损的过程在第 5 章已经详细说明，亏损利益相关方出现的不确定性表征在第 7.3.1 节已经详细说明，本节主要阐述亏损利益相关方对工程进度的影响表征，其重点在于分析风险因素与工序活动之间的相关性。

改进的 CSRAM 根据实际需求增加了另一重不确定性表征方法，保留了原本方法的优势，即：无需风险因素的概率分布，也无须风险因素与工序活动之间的相关性系数，而是通过定性的方式表征风险因素对工序活动持续时间的定量影响。具体包括两个步骤：①确定风险因素对工序活动的影响效应，包括好于预期、预期、差于预期；②确定风险因素对工序活动持续时间的影响程度。首先是亏损利益相关方中可能出现进度风险因素的影响效应。设定风险因素影响概率边界（a，b，c），利用 $0\sim1$ 的数值表示。例如材料短缺的影响概率边界为（0.05，0.7，1），表示当材料短缺的影响效应在 $0.00\sim0.05$ 时，对工序活动表现出正面影响，但此种情况概率较小，一般风险因素呈现负面影响；当材料短缺的影响效应在 $0.05\sim0.70$ 时，风险影响在风险管理者的预期之内，对工序活动没有影响；当材料短缺的影响效应在 $0.70\sim1.00$ 时，风险对工序活动表现出负面影响，即活动持续时间增加。风险因素的影响效应由计算机随机生成 $0\sim1$ 的数值 r_1，r_2，$\cdots$，r_n，表示风险因素发生概率，判断与影响概率边界的关系，好于预期对应影响效应符号 $+1$，预期对应影响符号 0，差于预期对应影响符号 -1，见表 $7-1$。

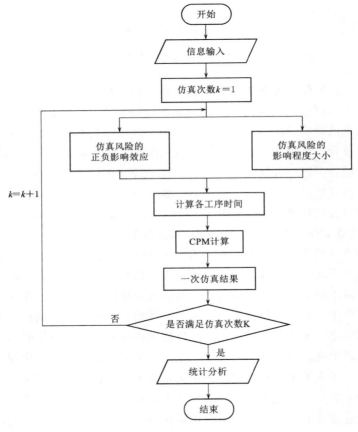

图 $7-5$　CSRAM 流程图

表 $7-1$　　　　　　　　　　　　　　风险因素的影响效应

风险因素	风险概率	概率边界	影响效应	正负效应
1	r_1	$r_1 < a$	好于预期	$+1$
2	r_2	$a < r_2 < b$	预期	0
$\vdots$	$\vdots$	$\vdots$	$\vdots$	$\vdots$
n	r_n	$r_n > b$	差于预期	-1

其次是风险因素的影响程度计算。确定各风险因素对每个工序活动持续时间的影响程度描述，CSRAM 中采用"很显著""显著""不显著"等三种模糊语言描述形式判断影响程度高低。

影响程度为"很显著"时，其影响程度量化如下（常昊天，2014）：

$$影响程度 = \frac{0.7}{表现出"很显著"的次数} \tag{7-1}$$

影响程度为"显著"时，其影响程度量化如下（常昊天，2014）：

$$影响程度 = \frac{0.3}{表现出"很显著"的次数} \tag{7-2}$$

前面已经阐明了支付风险传播对进度影响的两重不确定性，第三重不确定性即为风险因素对工序活动的影响程度不确定性。第二次生成随机数 s_1，s_2，…，s_n，计算工序活动 j 的持续时间影响系数 q_j：

$$q_j = \sum_{i=1}^{n} 影响效应符号 \times 影响程度值 \times 第二次的随机数 \tag{7-3}$$

根据工序活动持续时间的影响系数，结合专家对工序活动持续时间的三值评估，便可得到最终工序活动 j 的持续时间 t_j：

$$t_j = \begin{cases} m_j + (l_j - m_j) \times q_j, & q_j > 0 \\ m_j + (m_j - h_j) \times q_j, & q_j < 0 \end{cases} \tag{7-4}$$

式中：m_j 为工序活动 j 的最可能时间；l_j 为工序活动 j 的最悲观时间；h_j 为工序活动 j 的最乐观时间。

7.3.3 考虑多重不确定性的工程进度风险仿真

综合支付风险传播对交易关系网络的影响和亏损利益相关方对工程进度的影响，通过 Monte Carlo 法对其进行模拟仿真，最后得到大量工序活动持续时间的仿真数据，进行统计特征分析，为工序活动进度的安排和风险控制提供理论依据。具体步骤如下：

（1）确定工程进度网络中工序活动持续时间的参数，为 CPM 提供基础工作。

（2）对每个工序活动时间进行三值估计，包括乐观时间估计、最可能时间估计和悲观时间估计。

（3）由于每个工序活动受其执行利益相关方的风险因素不同，应针对具体工程，在确定工序活动与执行利益相关方之间对应关系的基础上，咨询专家获取影响每个工序活动的风险因素。

（4）定性评价、估计每个风险因素对工序活动的影响程度，建立风险因素—工序活动影响矩阵，同时确定每个风险因素的概率影响边界。

（5）将上述 4 步的基础参数输入改进 CSRAM 的模型中进行 Monte Carlo 仿真，计算工序活动持续时间影响系数，得到工程项目完成时间。

（6）重复第（5）步，迭代 n 个仿真次数，输出仿真结果。

仿真流程如图 7-6 所示。

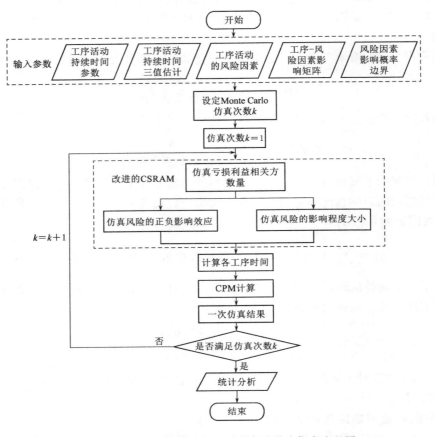

图 7-6　支付风险传播对工程进度的影响仿真流程图

7.4　支付风险传播影响下的工程进度风险仿真计算

7.4.1　总工期完工概率计算

大型水电工程涉及利益相关方繁多，各方调查数据难以收集完整，本章设定工程算例进行分析，且不考虑非关键工序变为关键工序，仅针对关键线路上工序与对应利益相关方的关系，组织—工序耦联网络如图 7-7 所示。

图 7-7 中 5 个工序活动分别为边坡危岩处理、边坡开挖、坝肩处理、坝肩开挖、大坝基础开挖，共涉及 8 个风险因素——材料短缺、工人闲置、机械闲置、工人罢工、合同争议、移民问题、设计延期以及质量问题，这些风险因素均由支付风险所诱发，而且均有可能影响工程进度。采用"很显著""显著""不显著"三个评价等级，确定风险因素—工序活动的影响程度，见表 7-2，并对 5 个工序活动的持续时间进行三值评估，见表 7-3，同时给出每个风险因素的概率影响边界，见表 7-4。

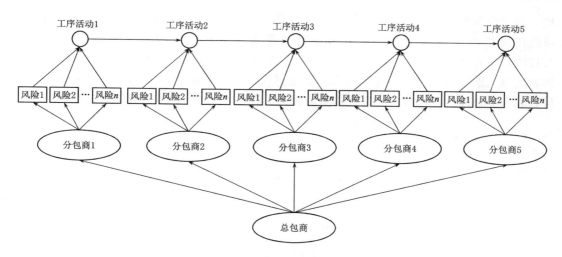

图 7-7　组织-工序耦联网络

表 7-2　　　　　　　　　　　　　风险因素-工序活动的影响程度

	材料短缺	工人闲置	机械闲置	工人罢工	合同争议	移民问题	设计延期	质量问题
边坡危岩处理	1	2	2	2	2	1	2	1
边坡开挖	0	2	2	2	1	1	2	0
坝肩处理	1	2	2	2	1	1	2	1
坝肩开挖	0	2	2	2	1	1	1	0
大坝基础开挖	0	2	2	2	2	1	1	0

注　2 表示"很显著"，1 表示"显著"，0 表示"不显著"。

表 7-3　　　　　　　　　　　　　工序活动持续时间的三值估计

	最乐观时间/天	最有可能时间/天	最悲观时间/天
边坡危岩处理	350	365	380
边坡开挖	110	120	135
坝肩处理	145	150	165
坝肩开挖	175	180	190
大坝基础开挖	175	180	195

表 7-4　　　　　　　　　　　　　每个风险因素的概率影响边界

	材料短缺	工人闲置	机械闲置	工人罢工	合同争议	移民问题	设计延期	质量问题
好于预期	0.05	0.05	0.05	0.15	0.10	0.20	0.10	0.10
预期	0.70	0.70	0.70	0.90	0.95	0.85	0.85	0.80
差于预期	1	1	1	1	1	1	1	1

　　根据上述确定的参数，结合基于耦联网络的支付风险传播模型仿真步骤，运用 MAT-LAB 软件进行进度风险仿真分析。仿真次数设定为 1000 次，得到 1000 个仿真施工总工

期，频率分布直方图如图 7-8 所示，概率密度曲线如图 7-9 所示。由两图可知，在支付风险传播影响下的施工总进度近似服从正态分布，其均值为 998.14 天，标准差为 6.1587，最有可能出现的施工总工期 995 天。根据累计概率密度曲线，若将 995 天定为计划施工总工期，如图 7-10 所示，在考虑支付风险传播影响下的完工概率仅为 38.30%，可以看出支付风险传播对工程进度的影响较大，存在 61.70% 的概率可能无法按期完工。

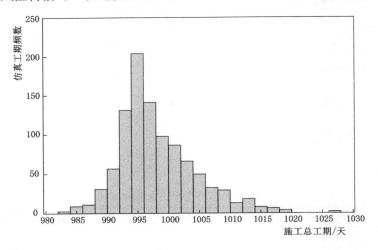

图 7-8 施工总工期频率分布直方图

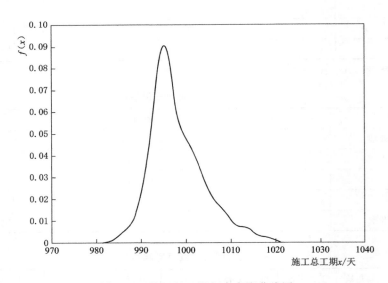

图 7-9 施工总工期概率密度曲线图

7.4.2 概率分布的敏感性分析

支付风险通过诱发利益相关方亏损将负面影响转移至工程进度，亏损后的利益相关方会出现工人和机械施工效率降低、材料短缺、设计延期、质量问题返工等问题，从而延误工期，其中，执行工序活动的利益相关方亏损数量是决定工程进度影响程度的关键。前面将利益相关方亏损数量的出现频率设定为服从概率密度函数 $f(x) = \lambda \mathrm{e}^{-\lambda(n-x)}$，本节将讨论利益相关方亏损数量的概率分布变化对工程进度风险结果的影响。

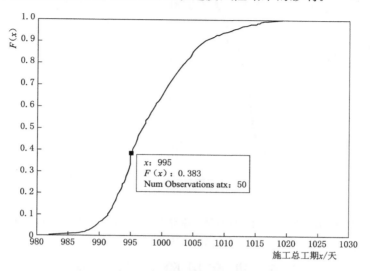

图 7-10 995 天总工期所对应的进度风险

分别设定变形的指数分布、正态分布以及均匀分布等三种概率分布，如图 7-11 所示。将这三种概率密度函数带入基于耦联网络的支付风险传播模型中，并按照仿真流程进行仿真计算，得到三种情况下工程仿真工期，再依据仿真数据绘制累计概率密度曲线，如图 7-12 所示，便可以对比分析三种情况下的工程完工概率。由图 7-12 可知，当概率密度曲线差距较大时，工期概率分布曲线相差并不大，其中当利益相关方亏损数量服从正态分布和均匀分布时，曲线差距更小。因此，利益相关方亏损数量不确定性对进度风险评估结果的影响较小。

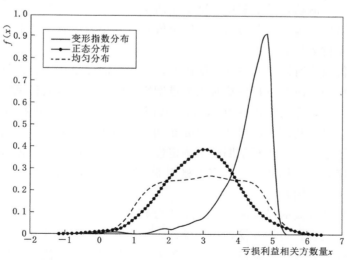

图 7-11 三种亏损利益相关方数量的概率密度曲线

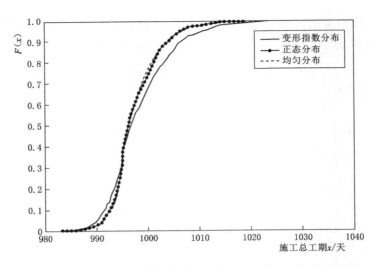

图 7 - 12 三种不同亏损数量概率分布下的工期累计概率分布曲线

7.5 进度风险控制措施

采用同样的仿真方法，分别分析前三个工序活动受影响、前四个工序活动受影响、全部工序活动受影响等三种不同情况下的工程进度风险。模拟仿真 1000 次，得到三种情况的工期概率密度曲线，如图 7 - 13 所示。由图 7 - 13 可知，随着受支付风险影响工序活动数量的增加，仿真工期的标准差逐渐增加，即：支付风险传播对工程进度的影响逐渐增大。由此可见，完工工期的不确定性并不等价于某一个工序活动的不确定性，而是随着受影响的工序活动数量增加而增加。因此，应尽量减少支付风险对关键线路工序活动的影响。若发包商资金紧缺，进度款无法按时或按量支付，承包商应将有限的工程资金优先用于关键线路上的工序活动，尽量避免关键工序活动受支付风险影响。也可以利用不平衡报价的方式适当提高位于施工前期的关键工序报价，以减小后续施工的资金压力，从而降低关键工序活动受支付风险的影响。

为甄选出支付风险所诱发的关键风险因素，运用控制变量法，分析每个风险因素对工程进度的影响。例如，研究材料短缺对工程进度影响时，将其他七种风险因素的进度影响程度均设定为不影响，即影响程度为 0，仅存在材料短缺，以此类推得到八种风险因素对工程进度的影响结果。利用工期累计概率分布曲线呈现八种影响结果，如图 7 - 14 所示。由图可知，风险因素 2、3、4 对工期的不确定性影响较大，因为这三种风险因素影响下的不确定性工期跨度较大。例如：同一完工概率 80% 条件下风险因素 2 对完工工期变化跨度的影响远远大于风险因素 8。

对工期影响程度较大的风险因素 2、3、4 分别对应工人闲置、机械闲置、工人罢工，这是由于边坡危岩处理、边坡开挖、坝肩处理、坝肩开挖、大坝基础开挖这 5 项工序活动对人工和机械的效率要求比材料供应更高，若人工和机械效率降低将直接影响工程施工的快慢，而工人罢工会直接导致工程停工。由此可见，支付风险诱发的人工因素是主要的工程进度风险因素，人工费应是发包商和承包商优先考虑的主要费用。对于机械费用，可以充分利用目前的租赁市场机制，通过租用施工机械，减少自身资金约束（柴国荣 等，2009）。而材料费用可以通过制定一定比例的材料预付款，避免因材料短缺而造成的人员窝工和机械闲置。

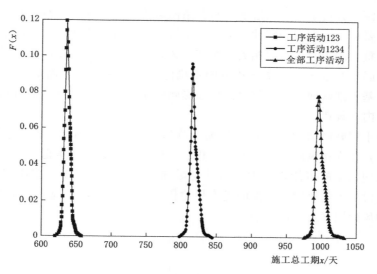

图 7-13　不同工序活动数量受支付风险传播影响的概率密度曲线

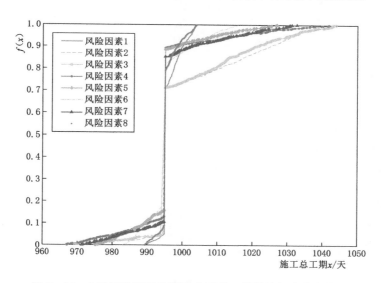

图 7-14　8 种风险因素分别影响下的工期累计概率分布曲线

7.6　本　章　小　结

（1）本章在前面研究基础上继续探索了支付风险传播导致多个利益相关方亏损后对工

程进度的影响特性。在建立交易关系网络的基础上，考虑利益相关方与工序活动之间的执行关系，将利益相关方亏损后可能发生的进度风险因素作为支付风险由利益相关方传播至工序活动的关键途径，结合工程进度网络，构建了组织—工序的双层耦联网络，为分析支付风险对工程进度的影响建立了重要的研究基础。

（2）本章深入分析了支付风险由交易关系网络传播至工程进度网络的不确定性，得出了传播过程主要涉及三重不确定性：第一重来源于支付风险传播导致利益相关方亏损的不确定性；第二重来源于亏损利益相关方所产生风险因素对工程进度影响的不确定性；第三重来源于风险因素对工序活动影响程度的不确定性。将这三重不确定性融入 CSRAM 方法中，建立了基于耦联网络的支付风险传播影响模型，揭示了支付风险由利益相关方传播至工程进度的内在规律。

（3）将基于耦联网络的支付风险传播影响模型运用于案例中，验证了该模型的可行性。结果表明，在支付风险传播影响下工程总工期的不确定性服从正态分布，支付风险发生后工程总工期延期的可能性较大，而且受影响的工序活动越多，按期完工不确定性越大；同时通过讨论支付风险所诱发的进度风险因素影响大小，发现工人闲置、机械闲置、工人罢工三种风险因素对工期影响更大。

第8章　施工项目资金流的逐时段逆向
调节优化研究

8.1　引　　言

　　施工项目管理是将人、材、机投入到工序中，形成工程实体，通过资金流动来实现价值增值。寻求合理的、较优的资金流控制运用方式，优化资金库调蓄方案，是减小资金风险、优化资金调度的关键问题。当资金流入量超过资金流出量时，将部分资金暂时存储起来，待资金流出需求增大时再逐渐投入使用。入库资金经资金库调蓄后，其流量的变化情况与资金库特性、资金使用方式、施工进度计划以及资金保证标准等有关，导致资金供需平衡点难以确定。

　　工程施工项目资金流的控制与优化引起了相关学者的普遍关注。在考虑时间对非关键路径造成的干扰下，朱南海等（1999）利用PRC网络，融合资金流与工期风险，以消除或减轻由于非关键活动的不确定性引起的项目完工风险；李果等（2011）采用回归分析测试从三峡工程中选取多个单位工程的S曲线，提出了适用范围广、计算精度高的S曲线模型；刘东海等（2008）建立了耦合投资—工期风险目标的进度综合优化模型；Chao L C.等（2010）认为将神经网络模型的初步估计和后续估计组合，可以在项目开始或中间产生准确的S曲线，用于基于计划的施工期间项目控制；Kun-Chi Wang et al.（2016）使用三维建筑信息模型（Building Information Modeling，BIM），将BIM采集处理的大量数据整合到S曲线，从而达到控制成本的目的；Pajares J et al.（2011）结合赢得值法（EVM）和项目风险管理控制和监测，提出了一种用于描述成本控制指数和计划控制指数的新指标；为改进和完善挣值分析法，乔立红等（2010）将挣值分析法应用于项目费用与进度综合监测过程中，改善了以往在项目管理中的单因素监控方面的不足，同时在项目成本成分中增加了质量成本因素；Alexander Maravas et al.（2012）提出了一种包含模糊持续时间和成本项目的现金流量计算方法。

　　尽管在资金流优化与控制方面已有诸多研究成果，但资金流优化与控制效果并不理想，且大多研究求取确定性最优解，无法解决资金供需平衡的问题。于是，本书通过对资金流逐时段调节演算，考虑资金的时间价值，从最末时段向最初时段推求各个时段的资金供给量与资金需求量，调整资金投入时间与数量，实现施工项目资金流逐时段逆向调节优化，对施工项目资金的优化配置具有一定的参考价值。

8.2　项目资金流的过程曲线特点

　　根据施工进度计划编制施工预算，工程中常用时间—成本累计曲线（S型曲线）表示。S 型曲线是按照对应时间点给出的累计成本、工时等指标生成的图形（Kucharavy et al.，2011）。根据工程建设过程的一般规律，在施工项目开始时，需要开展观测、试验、研究、施工准备等工作，所需劳动力、建筑材料和施工机械较少，施工进度比较缓慢，因此前期资金需求量较少；随着施工高峰期的到来，需要大量的劳动力、建筑材料和施工机械，施工强度较高，各项费用需求量较大，导致中期资金需求量较大；在施工项目后期，建设速度又逐渐降低，劳动力、建筑材料和施工机械使用量逐渐减小，尤其在水电工程施工项目中，建设后期部分工程投产，提前收益，使得在施工后期资金需求量减小。所以，S 型曲线呈现出首尾较平缓、中期较陡的形状，资金需求曲线则呈钟形分布。

根据项目资金流的过程特点，学者们提出了多种 S 曲线的方程形式。例如 Kenley 提出的 Logit 模型为累计资金流出（也即累计投资额）关于时间的 S 曲线方程（Kenley R et al.，1986），它既表示了工作的时间进度，又表示了投资完成量。同时，该模型能够模拟各种 S 曲线形态，并且可以方便地转换为线性方程。

8.3　逐时段调节演算模型及算法

8.3.1　模型构建

施工项目中存在诸多风险因素，为降低资金流风险，对于工程施工项目资金供给量，建立动态调节演算模型，可以得到资金供给优化方案。以资金需求量、资金的时间价值和资金供给量与资金存储量的差额水平为约束条件，以资金流入曲线为优化目的，建立资金流调节演算模型。

计划资金需求量 CO、资金供给量 CI 和资金、存储量 CS 存在以下关系：

$$CS_t = CS_{t-1} + CI_t - CO_t \qquad (8-1)$$

方程式（8.1）为资金流平衡方程。t 为施工时段序号，$t=1, 2, 3, \cdots$，资金流平衡示意图如图 8-1 所示。

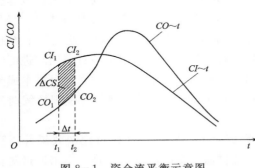

由于工程项目时间跨度较大，实际资金供给需考虑资金的时间价值，即资金随着时间的推移而发生增值，计算时段 Δt 的长短按施工预算资金变化程度而定，Δt 时段内资金的时间价值率为 i，则此时资金流平衡方程为

图 8-1　资金流平衡示意图

$$CS_n = CS_{n-1}(i+1) + CI_n - CO_n \qquad (8-2)$$

方程式（8-2）为动态资金流平衡方程。t 为施工时段序号，$t=1, 2, 3, \cdots$。
资金存储量为

$$CS = f(a, b, c, CO, CA) \qquad (8-3)$$

式中：a 为人力预算金额；b 为建筑材料预算金额；c 为施工机械预算金额；CA 为资金支付意愿。

资金流供给方程为

$$\frac{\partial CI}{\partial t} = f(CS) \tag{8-4}$$

用 Γ 表示论域 Ω 的边界条件，则在任一论域 Ω 内的 Γ 上均有式（8-3）、式（8-4）成立。

在资金的调节演算过程中，初始状态论域为 Ω_0，初始状态参量包括资金需求量 CO^0、资金供给量 CI^0 和资金存储量 CS^0。从最末时段进行逆向调节演算，将初始状态参量作为末时段调节演算的边界条件，逆向推求前面各时段资金需求量、资金供给量、资金存储量。在初始状态参量确定后，根据初始状态临界条件调整论域为 Ω_1，下一演算循环的状态参量为 CO^1、CI^1 和 CS^1。依此类推，以上一演算循环结果为依据，设定下一演算循环论域的末时段资金存储量，直至 $CS^K = CI^K - CO^K$（其中，K 为演算循环数）调节演算结束。资金供给方程求解中，在调节演算时，CO 由施工计划得出，CS^0 初始状态值为 0，计算时段 Δt，那么此时在公式（8-2）中有 CS_{n-1}、CI_n 两个未知数，联立式（8-3）、式（8-4），即可得到全时段 CS、CO、CI 数据。

8.3.2 算法实现

算法流程图见图 8-2。具体算法如下：

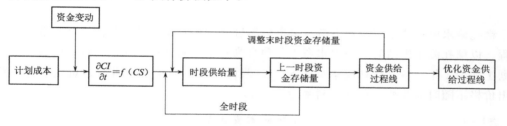

图 8-2　资金流逆向调节演算逻辑

步骤 1：将工程施工项目划分时段 Δt，各时段长度相同，根据施工计划确定各时段施工计划成本。

步骤 2：确定式（8-3）和式（8-4），并绘制相应曲线。

步骤 3：给定初始值，工程完工时，资金存储量为 0，根据资金存储量与资金供给量关系，确定末时段的资金供给量 CI。

步骤 4：根据本时段资金需求量 CO、资金供给量 CI、资金存储量 CS，考虑资金的时间价值，根据式（8-1）反推前一时段末资金存储量，根据式（8-3）确定本时段资金供给量 CI，继续反推上一时段资金存储量，重复以上步骤，直到反推出所有时段 CI 和 CS。

步骤 5：反推得到的最初时段资金供给量与此时段计划资金需求量、资金存储量之和进行比较，若差值小于预先设定值，则得到的资金供给曲线为调节演算结果；反之，工程完工时，资金存储量将不为 0，重新设定末时段资金存储量，重复步骤 4，直到最初时段资金供给量与此时段计划资金需求量、资金存储量之和的差值小于预先设定值为止。

步骤 6：逐时段调节演算结束，得到资金供给曲线。

步骤 7：若企业所承接水利工程施工项目数量有所改变，需调整资金存储量与资金供给量关系后再进行资金调节演算。

步骤8：完成所有时段资金调节演算后，绘制优化资金供给曲线与计划资金需求曲线，以对比调节演算后的资金供给量与计划资金需求量的差异。

在确定式（8-3）时，需要考虑工程规模，以及人、材、机的计划量等因素。对于式（8-4），资金存储量随着资金供给量的增加而增加，且增长速度为单调递增函数。资金流逐时段调节演算模型初始状态值设定为工程完工时资金存储量为0。经过逆向逐时段的调节演算之后，对于任意时段的资金供给量与资金存储量均有式（8-4）的函数关系成立。

完成所有时段的资金调节演算之后，可得到优化资金过程线，并且可与计划资金过程线形成对照。将两条曲线进行对比可发现，调节演算后的优化资金过程线峰值出现时间提前，且峰值出现后优化资金供给量总是小于计划资金需求量。

当a、b、c、CO、CA中任一要素发生变化时，原定的式（8-3）、式（8-4）失去时效性，不能有效反映施工单位此时的实际状况。对此，需调整式（8-3）、式（8-4）函数关系，重新调节演算各时段资金供给量。当施工单位资金支付意愿增强，再次调节演算之后的资金过程线较陡。反之亦然。由此可见，本模型具有动态性。

8.4　工　程　案　例

糯扎渡水电站位于澜沧江下游普洱市思茅区和澜沧县交界处，是澜沧江下游水电核心工程。以糯扎渡水电站的9条引水道工程项目为对象，对其资金流进行调节演算。本项目计划工期为1年，各月计划成本见表8-1，假设建筑材料单价、机械台班费、劳务费等支出价格不随时间改变，存款月利率为2.3‰。

表8-1

计划成本支出表

月　份	计划成本/万元	月　份	计划成本/万元
1	305	7	2532
2	610	8	2196
3	915	9	1678
4	1281	10	1159
5	1830	11	702
6	2532	12	305

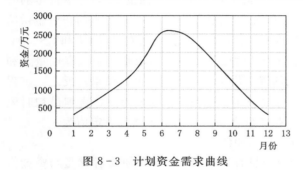

图8-3　计划资金需求曲线

绘制计划资金需求曲线，如图8-3所示。计划成本峰值出现在6月、7月，为2532万元，折合为现值为2497.34万元，总成本现值为15802.23万元。

本工程实例CI、CO均为离散型变量，式（8-4）可简化为$CI=f$（CS）。为保证本施工项目能正常施工，确定式（8-3）和$CI=f$（CS）关系曲线，具体数据关系见表8-2。

表 8 - 2   *CI* 与 *CS* 关系

资金存储量/万元	资金供给量/万元	资金存储量/万元	资金供给量/万元
90	150	1310	1460
240	480	2040	1670
450	820	2890	1830
790	1160	3540	1920

绘制 $CI = f(CS)$ 关系曲线，如图8-4所示。

在 $CI = f(CS)$ 关系曲线中，资金存储量随着资金供给量的增加而增加，且资金供给量较小时，资金存储量增加速度较缓，资金供给量较大时，资金存储量增加速度加快。

12月末资金存储量初始状态值为0万元，由图8-4可知相应的资金供给量为90万元。按式（8-1）推算11月底资金存储量，考虑资金时间价值，得到11月末资金存储量。根据图8-4可得到11月的资金供给量，以此类推，

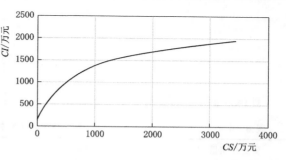

图 8 - 4 $CI = f(CS)$ 曲线

得到各时段的资金供给量与资金存储量。1月资金供给量为-1241.00万元，资金存储量为882.67万元。此时，1月资金供给量与资金需求量的差值不等于资金存储量，需重新设定最末时段资金存储量进行演算。多次演算后确定末时段资金存储量为100.33万元。具体调节演算结果见表8-3。

表 8 - 3   资金流调节演算结果表

月 份	资金需求量/万元	资金供给量/万元	资金存储量/万元
1	305	1223.30	918.24
2	610	1650.57	1960.81
3	915	1805.48	2855.62
4	1281	1899.93	3480.86
5	1830	1928.17	3586.67
6	2532	1829.22	2892.14
7	2532	1665.22	2032.02
8	2196	1463.85	1304.11
9	1678	1163.77	793.05
10	1159	819.92	455.57
11	702	487.03	242.00
12	305	162.83	100.33

绘制优化资金供给曲线和计划资金需求曲线，如图 8-5 所示。优化后资金供给量峰值出现在 5 月，为 1928.17 万元，折合现值为 1906.15 万元。相对资金需求量峰值现值降低 591.19 万元，占资金需求量的 23.6%。

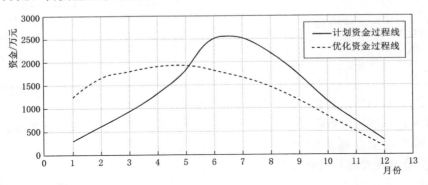

图 8-5　优化资金供给曲线和计划资金需求曲线

具体数据关系见表 8-4。绘制 $CI=f(CS)$ 关系曲线，如图 8-6 所示。

表 8-4　　　　　　　　　　　　　　　　**CI 与 CS 关系**

资金存储量/万元	资金供给量/万元	资金存储量/万元	资金供给量/万元
0	122	850	1220
100	300	1280	1520
300	600	1800	1830
540	900	2500	2130

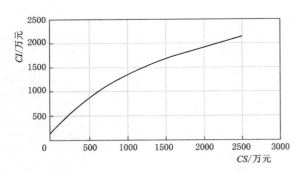

图 8-6　$CI=f(CS)$ 关系曲线

按照第一次调节演算步骤再次进行调节演算，得到的再次资金流调节演算结果见表 8-5。绘制二次优化资金供给曲线和计划资金需求曲线，如图 8-7 所示。

优化后资金供给量峰值出现在 5 月，为 2267.47 万元，折合现值为 2241.55 万元。相对计划成本峰值现值降低 255.79 万元。资金总供给现值为 15814.02 万元，将两次调节演算得出的资金需求量曲线、优化资金供给曲线以及二次优化资金供给曲线绘制在同一张图上，如图 8-8 所示。

表 8-5　　　　　　　　　　　　　　**资金流调节演算结果表**

月　　份	资金需求量/万元	资金供给量/万元	资金存储量/万元
1	305	543.15	238.09
2	610	1197.13	825.65

月 份	资金需求量/万元	资金供给量/万元	资金存储量/万元
3	915	1747.99	1660.36
4	1281	2131.77	2514.71
5	1830	2267.47	2957.58
6	2532	2143.59	2575.97
7	2532	1899.36	1949.25
8	2196	1548.58	1305.89
9	1678	1180.61	811.68
10	1159	779.55	433.87
11	702	446.20	179.42
12	305	137.34	12.12

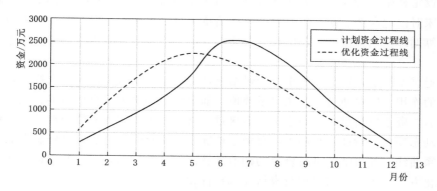

图 8-7　计划资金需求曲线与二次优化资金供给曲线

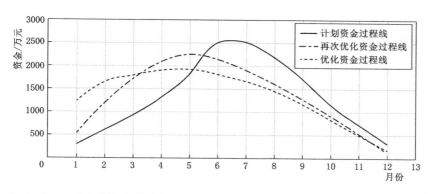

图 8-8　一次优化资金供给曲线、二次优化资金供给曲线与计划资金需求曲线

　　对比两次优化后得到的资金供给曲线，可得：一次优化资金过程线峰值相对再次优化资金过程线低 335.402 万元，一次优化资金过程线峰值出现之前，前 5 个月的总投资现值 8445.28 万元，二次优化资金过程线峰值出现之前，前 5 个月的总投资现值 7823.37 万

元，即二次优化资金过程前 5 个月投资现值减少 621.91 万元。

二次优化后的资金供给量曲线对资金支付意愿要求较高，相对于一次优化资金供给曲线峰值有所升高，但峰值出现时间推后，前期资金压力小。可知，工程量确定的情况下，施工单位支付意愿较高时，宜选择二次优化的资金供给方案，支付意愿较低时，宜选择一次优化的资金供给方案。

8.5　本　章　小　结

对资金需求量、资金供给量、资金存储量进行定义，分析了资金流曲线特点。在此基础上，考虑资金的时间价值，对施工项目资金流进行逐时段逆向调节演算，可得到以下结论。

（1）在本调节演算模型中，将施工项目划分为不同时段，根据进度计划确定各时段施工成本，设定初始状态参量，根据确定的资金存储方程、资金供给方程以及资金平衡方程，从最末时段逆向调节演算各时段资金供给量和资金存储量，以此演算结果为基础，确定下一演算循环初始参量，直至所有时段均有资金供给量与资金需求量的差值等于资金存储量。

（2）通过本调节演算模型推求资金供给量，能有效降低资金供给量的峰值，达到"削峰填谷"的作用，同时使得资金供给量峰值提前出现。当调节演算后的资金供给量曲线出现峰值之后，资金供给量总是小于资金需求量，直至完工。建立的资金调节演算模型具有适应条件动态变化的特征：当施工项目资金情况出现变化时，适当调整资金存储量与资金供给量关系曲线，即可继续进行资金的调节演算。值得注意的是，逐时段调节演算模型存在多个优化方案，决策者需根据自身情况选择优化方案。

第9章 结论与展望

9.1 主要研究结论

由于大型水电工程资金支付风险不确定性大、涉及利益相关方多、影响范围广且后果严重，本书针对支付风险及其传播特性的关键问题，开展了支付风险测度、工程承包主体内部的风险传播、工程多主体之间的风险传播以及工程进度影响等系统性研究，为探索大型复杂工程的风险传播特性和控制提供了重要理论基础。主要研究结论如下：

（1）基于资金的供给与需求两个维度，确定支付比例、支付延期和支付意愿等指标；分析工程变更资金流价值运动演变特征，综合运用 Monte Carlo 模拟方法与系统动力学理论，建立了资金流价值运动的系统仿真模型；结合杨房沟水电站项目资金数据集进行仿真应用分析，结果表明：①项目资金流偏差在不同工程变更情形下存在显著不同，尤其在资源投入上行期的资金偏离幅度较大；②工程变更扰动下承包商在建设前期的风险压力明显大于中后期，原因是前期建设投资与进度款并不匹配，致使承包商的资金储备水平偏低；③支付比例是工程变更资金流系统中的重要调控因子，当支付比例采用阶段性递减方式时，资金流更易实现全局帕累托最优。

（2）通过剖析大型水电工程资金支付的特点，支付过程具备典型的不确定性特征。深入分析资金流入与流出不确定性因素，发现资金流入主要受支付方主观行为影响，资金流出主要受工程单价波动和工程量变化影响。叠加资金流入与流出，提出了考虑不确定性的累计净资金流计算方法，结合 Monte Carlo 模拟仿真技术，建立了支付风险率测度模型。结合实例，验证了模型的可行性，通过分析最大净资金流概率分布、最大资金能力与支付风险之间的关系，为承包商提供了工程预备资金预测方法，也为评估施工过程的资金运作风险和投标风险提供了理论依据；另外，结果分析发现模型输入参数的概率密度函数类型对仿真结果影响较小，这为风险仿真的概率分布选择提供了参考。测度支付风险率后，从风险源、风险流、风险载体、风险传播路径、风险阈值等方面分析了支付风险发生后的传播要素，并从承包商的单方视角、工程利益相关方的多方视角、工程目标的整体视角分析了支付风险传播的影响，为后文深入量化分析奠定了坚实的基础。

（3）资金支付属于工程成本管理，通过收集、整理、分析大量水电工程承包商成本管理的历史案例，提取了导致成本亏损的工程风险因素及其传播路径，构建了承包商的工程风险传播网络。运用 ISM 方法，建立了支付风险传播网络提取流程，该流程能够适应工程、承包商等情景条件变化，适用性较好。考虑风险发生概率难以定量表达，利用模糊化方法评价风险因素发生可能性，运用积分法对风险因素模糊评价结果进行了去模糊化处理。将提取的支付风险传播网络转化为相应的贝叶斯网络结构，并通过 noisy-OR gate 模型对贝叶斯网络进行了简化改进，解决了正向推理计算时条件概率数量过多的缺陷，从而建立了支付风险对承包商的影响评估模型。将模型运用于工程实例，发现业主延期支付最终可能诱发承包商企业形象受损、成本亏损以及施工事故等结果，通过模型计算分析得出业主延期支付风险对承包商影响最大的是成本亏损。另外，运用复杂网络理论分析了承包商工程风险网络特征，发现该网络具有异质性与小世界网络特征，这为解释风险传播速度快、控制难提供了理论依据；同时识别了支付风险诱发承包商成本亏损的关键风险因素：企业资金流紧张和垫资，控制这两种风险因素便可阻断支付风险的大量传播路径，从而控制风险传播。

（4）考虑大型水电工程参与方多且各方之间的复杂支付交易关系，将利益相关方抽象为节点，其支付交易关系抽象为边，构建了大型水电工程利益相关方交易关系网络，并利用加权度中心性与特征向量中心性等网络特征参数，分别分析了利益相关方资金管理能力与合作能力。剖析支付风险在多个利益相关方之间的传播特性、状态变化以及相关影响，基于资金管理能力与合作能力的网络特征参数表征方法，提出了风险抵抗阈值和风险消解阈值计算方法，综合运用 CA 和 SIS 模型，表征了利益相关方之间的相互影响关系、受支付风险传播影响后的经济状态变化以及传播行为，从而建立了工程多主体之间的支付风险传播模型。将模型运用于工程实例，模拟业主延期支付的风险传播过程，验证了模型的可行性。调整模型参数，分析不同参数对风险传播过程和结果的影响，发现支付风险传播具有三个阶段，首先缓慢传播，然后突然爆发，最后趋于稳定；相比于风险消解能力，利益相关方的风险抵抗能力对风险传播结果影响更大；分析 EPC 总承包管理模式的交易关系网络结构，发现节点度概率分布极为不均匀，且服从幂律分布，属于具有异质性特征的无标度网络，该特征极易诱发风险传播。由此可见，水电 EPC 业主应选择财务状态优良的总承包商，而且标段划分数量不宜过多，标段规模大小应尽量平衡，确保标段承包商均具有较高的资金风险抵抗能力。

（5）分析利益相关方与工序活动之间的执行关系，将利益相关方亏损后可能发生的进度风险因素作为支付风险由利益相关方传播至工序活动的关键途径，综合交易关系网络和工程进度网络，构建了组织—工序耦联网络。分析了支付风险由组织网络传播至工序活动网络过程中利益相关方影响、风险正负效应影响、风险后果影响等三重不确定性，运用 CSRAM 方法，结合模拟仿真技术，建立了基于耦联网络的支付风险传播对工程进度的影响模型，揭示了支付风险由利益相关方传播至工程进度的内在机理。结合实例，计算出支付风险所诱发的工程进度风险，验证了模型的可行性。仿真结果表明，支付风险传播对工程总工期影响较大；受影响的工序活动越多，按期完工不确定性越大，而且，支付风险影响下工程总工期的不确定性服从正态分布；通过讨论支付风险诱发的进度风险因素，发现工人闲置、机械闲置、工人罢工等三种风险因素对工期影响更大。该研究成果不仅揭示了支付风险的传播规律和工程特性，为及时阻断风险传播路径和控制风险扩散提供了理论支撑，也为优化施工进度和控制进度风险提供了重要依据。

（6）考虑施工项目资金供给量具有时变特征，针对如何确定供需平衡点问题，引入资金供给量、资金需求量、资金存储量等概念，提出了一种逐时段逆向调节演算模型。根据资金系统初始状态的临界条件调整论域，从最末时段逆向推求各时段资金供给量与资金存储量，考虑施工项目的人、材、机施工计划以及施工单位的支付意愿，实现资金供给过程优化的目标，开发施工项目资金流的逆向调节演算算法。实例表明，通过本模型调节后的资金供给量峰值显著降低，峰值出现时间点可以根据决策准则提前或后移，可以实时量化对比资金需求量与资金供给量差异，研究成果能为项目资金流计划、控制、调整优化、风险控制等管理决策活动提供参考依据。

9.2　研　究　展　望

随着我国"一带一路"的倡议与能源结构不断优化，水电工程建设将持续稳步推进，但随着建设环境不断变化，大型水电工程涉及的影响因素将越来越多，因素之间的关系也会越来越复杂。施工过程中的成本管理处于非常重要的地位，虽然本书对成本管理中的资金支付风险问题展开了初步研究，但仍然存在多方面的研究空间，主要概括如下：

（1）由于大型水电工程涉及因素和建设主体繁多，不同项目管理模式的支付形式不同，特别是国际建设环境与国内不同，本书提出的支付风险测度模型需要进一步精细化处理和优化，构建精度更高的支付风险测度模型是以后研究的方向之一。

（2）工程施工过程中涉及大量难以量化的风险因素，本书利用模糊集理论对该类风险因素的发生概率大小进行了模糊性表征，但专家的评价受其主观偏好影响大。基于收集的大量历史案例，运用人工智能、机器学习等技术手段，提出更加准确的风险因素概率计算方法是以后研究的方向之二。

（3）由于收集每个利益相关方的企业财务数据较为困难，本书提出的基于交易关系网络的支付风险传播模型是一种高度抽象的概化模型，虽然表征了风险在工程多主体之间的传播过程，能够反映支付风险的传播特征，对于实际工程的运用，还应建立更完整的量化模型，输入更详细的模型参数，才能准确预测支付风险的传播结果，这是以后进一步研究的方向之三。

（4）本书探索了支付风险及其特性，其关键目的之一是为控制支付风险提供重要基础。因此，下一步工作将继续探究科学的支付风险控制方法或控制模型，虽然目前研究已有支付与进度的联合优化方法，但主要用于施工前的资金使用规划，适应施工期间情景变化和不确定性特征的动态控制方法是下一步研究的方向。

附　　录

序　号	风　险　传　播　路　径
1	低价中标→亏损
2	低价中标→资金流问题→亏损
3	合同条款模糊 & 不良地质条件→缺少索赔→亏损
4	不良地质条件→工期延误→赶工成本增加→亏损
5	不良地质条件→工期延误→亏损
6	恶劣天气 & 不良地质条件→工期延误→亏损
7	不良地质条件→工期延误→亏损
8	不良地质条件→工期延误→恶劣天气→设计变更→施工变更→工程量增加→亏损
9	合同条款模糊 & 不良地质条件→工程量增加→亏损
10	合同条款模糊 & 不良地质条件→工程量增加→赶工成本增加→亏损
11	不良地质条件→工程量增加→亏损
12	恶劣天气 & 不良地质条件→亏损
13	不良地质条件→亏损
14	不良地质条件→设计变更→工期延误→亏损
15	不良地质条件→设计变更→工程量增加→亏损
16	不良地质条件→缺少工程技术经验→亏损
17	不良地质条件→自然灾害→施工事故→亏损
18	不良地质条件→自然灾害→工程量增加→亏损
19	不良地质条件→自然灾害→亏损
20	不良地质条件→自然灾害→工期延误→价格上涨→亏损
21	恶劣天气 & 设计资料不完整→自然灾害→亏损
22	恶劣天气→自然灾害→施工事故→亏损

序　号	风 险 传 播 路 径
23	恶劣天气→自然灾害→亏损
24	承包商管理能力差 & 移民问题 & 恶劣天气→缺少索赔→亏损
25	承包商管理能力差 & 移民问题 & 恶劣天气→工期延误→亏损
26	恶劣天气→工期延误→亏损
27	恶劣天气 & 未买保险→亏损
28	材料不足或不合格→亏损
29	材料不足或不合格→工期延误→亏损
30	材料不足或不合格→工期延误→工人闲置→亏损
31	材料不足或不合格→工期延误→机械闲置→亏损
32	材料不足或不合格→工程量增加→亏损
33	材料不足或不合格→施工变更→亏损
34	材料不足或不合格→返工→工期延误→赶工成本增加→亏损
35	预付款延迟→延期支付→亏损
36	法律法规变化→亏损
37	法律法规变化→低价中标→亏损
38	工程量增加→低价中标→亏损
39	工人罢工→工期延误→亏损
40	分包商施工错误→亏损
41	承包商管理能力差→机械闲置→亏损
42	承包商管理能力差→合同条款模糊→亏损
43	合同条款模糊 & 价格上涨→亏损
44	合同条款模糊 & 自然灾害→工程量增加→亏损
45	合同条款模糊→工程量增加→亏损
46	合同理解不充分→工程量增加→工期延误→亏损
47	合同条款模糊→缺少索赔→亏损
48	合同条款模糊→亏损

序　号	风　险　传　播　路　径
49	自然灾害 & 合同条款模糊→工期延误→亏损
50	政治动乱 & 合同条款模糊→亏损
51	自然灾害 & 合同条款模糊→亏损
52	合同条款模糊→合同失败→亏损
53	合同条款模糊→低价中标→亏损
54	合同条款模糊→延期支付→亏损
55	合同条款模糊→现场调查不充分→工期延误→亏损
56	合同条款模糊→施工事故→亏损
57	急于中标→低价中标→亏损
58	急于中标→低价中标‖法律法规变化→亏损
59	急于中标→合同条款模糊→低价中标→亏损
60	急于中标→预付款延迟→资金流问题→亏损
61	急于中标→未提供施工现场→工期延误→工人闲置‖机械闲置‖恶劣天气→亏损
62	急于中标→现场调查不充分→不良的施工环境→自然灾害→工程量增加‖工期延误→亏损
63	急于中标→合同条款模糊→不良的施工环境‖缺少索赔→亏损
64	市场预测不足 & 价格上涨 & 政治动乱→亏损
65	价格上涨→低价中标→亏损
66	价格上涨→东道主国家环境不稳定→亏损
67	价格上涨→项目管理成本增加→亏损
68	自然灾害 & 未买保险→亏损
69	未获得开工许可→征地延迟→工期延误→预付款延迟→合同失败→亏损
70	欺诈行为→延期支付→机械闲置‖资金流问题‖工人闲置→亏损
71	缺少索赔→亏损
72	沟通协调能力差→工人闲置→亏损
73	沟通协调能力差→机械闲置→亏损

序 号	风 险 传 播 路 径
74	缺少工程技术经验→缺少索赔→亏损
75	缺少工程技术经验→合同理解不充分→合同条款模糊→亏损
76	缺少工程技术经验→工程量增加→亏损
77	缺少工程技术经验→工程量增加→低价中标→亏损
78	缺少工程技术经验→图纸理解错误→施工错误→亏损
79	缺少工程技术经验→工期延误→亏损
80	缺少工程技术经验→返工→工期延误→亏损
81	缺少工程技术经验→承包商管理能力差→施工事故→亏损
82	缺少工程技术经验→不良地质条件→工期延误→亏损
83	缺少工程技术经验→低价中标→亏损
84	缺少工程技术经验→施工错误→亏损
85	缺少工程技术经验→施工错误→工期延误→亏损
86	设计变更→工程量增加→亏损
87	设计变更→工程量增加→施工变更→亏损
88	设计变更→亏损
89	设计变更→施工变更→亏损
90	设计变更→施工变更→缺少工程技术经验→亏损
91	设计变更→低价中标→亏损
92	设计错误→工程量增加→赶工成本增加→亏损
93	设计错误→工程量增加→亏损
94	设计错误→返工→工期延误→赶工成本增加→亏损
95	设计错误→亏损
96	设计错误→施工变更→亏损
97	设计错误→不良地质条件→设计变更→施工变更→亏损
98	设计错误→自然灾害→亏损
99	设计错误→机械闲置→亏损

序　号	风 险 传 播 路 径
100	设计变更→工期延误→亏损
101	设计延期→工期延误→赶工成本增加→亏损
102	设计延期→工期延误→亏损
103	设计延期→工期延误→自然灾害→亏损
104	设计延期→工人闲置‖机械闲置→亏损
105	设计资料不完整→工程量增加→亏损
106	设计资料不完整→不良地质条件→工程量增加→亏损
107	设计资料不完整→工期延误→亏损
108	设计资料不完整→合同变更→工程量增加→亏损
109	施工错误→自然灾害→工期延误→亏损
110	施工错误→自然灾害→亏损
111	现场调查不充分 & 不良的施工环境→工期延误→亏损
112	不良的施工环境→工程量增加→亏损
113	征地延迟→未提供施工现场→工人闲置→工期延误→亏损
114	征地延迟→未提供施工现场→机械闲置→亏损
115	现场调查不充分→低价中标→亏损
116	现场调查不充分→工人闲置‖机械闲置→亏损
117	现场调查不充分→设计变更→工期延误→恶劣天气→缺少工程技术经验→亏损
118	现场调查不充分→承包商管理能力差→缺少索赔→亏损
119	现场调查不充分→承包商管理能力差→工期延误→亏损
120	现场调查不充分→材料不足或不合格→工期延误→亏损
121	现场调查不充分→承包商管理能力差→工程量增加→亏损
122	现场调查不充分→工程量增加→亏损
123	延期支付→工期延误→亏损
124	未提供施工现场 & 延期支付→工期延误→亏损
125	延期支付→亏损

序　号	风　险　传　播　路　径
126	延期支付→材料不足或不合格→工期延误→赶工成本增加→亏损
127	延期支付→资金流问题→亏损
128	延期支付→工期延误→赶工成本增加→亏损
129	延期支付→拆迁问题→移民问题→工期延误→亏损
130	延期支付→合同失败→亏损
131	延期支付→工期延误→预付款延迟→合同失败→亏损
132	延期支付→预付款延迟→资金流问题→工期延误‖施工事故‖质量问题→亏损
133	业主或监理管理能力差→未提供施工现场→工期延误→亏损
134	业主或监理管理能力差→合同变更→工程量增加→亏损
135	未提供施工现场→工程量增加→亏损
136	未提供施工现场→工期延误→亏损
137	未提供施工现场→设计变更→工程量增加→亏损
138	未提供施工现场→工人闲置‖机械闲置→亏损
139	未提供施工现场→不良的施工环境→施工变更→合同变更→亏损
140	业主延期提供场地→自然灾害→设计变更→工程量增加→亏损
141	业主延期提供场地→自然灾害→亏损
142	业主延期提供场地→自然灾害→工期延误→亏损
143	业主延期提供场地→工人闲置→亏损
144	业主延期提供场地→工人闲置→赶工成本增加→亏损
145	业主延期提供场地→机械闲置→亏损
146	业主延期提供场地→机械闲置→赶工成本增加→亏损
147	业主延期提供场地→恶劣天气→工程量增加→亏损
148	移民问题→工期延误→亏损
149	移民问题→机械闲置→亏损
150	政治动乱→价格上涨→亏损
151	质量问题→返工→工期延误→亏损

序　号	风　险　传　播　路　径
152	质量问题→施工变更→亏损
153	资金来源调查不足→延期支付→亏损
154	资金来源调查不足→延期支付→工期延误→亏损
155	自然灾害→工期延误→亏损
156	自然灾害→亏损
157	自然灾害→工期延误→赶工成本增加→亏损
158	自然灾害→工期延误→工人闲置‖机械闲置→亏损

参 考 文 献

［1］ Albert R，Barabasi A L. Statistical mechanics of complex networks ［J］. Reviews of Modern Physics，2002，74（1）：47－97.

［2］ Barabasi A L，Albert R. Emergence of scaling in random networks ［J］. Science，1999，286（5439）：509－512.

［3］ Newman M E J. Analysis of weighted networks ［J］. Physical Review E，2004，70（5）：1－9.

［4］ Russell A H. Cash flows in network ［J］. Management Science，1970，16（5）：353－373.

［5］ Watts D J，Strogatz S H. Collective dynamics of 'small-world' networks ［J］. Nature，1998，393（6684）：440－442.

［6］ 李果，强茂山. 水利工程资金流曲线分类 ［J］. 清华大学学报（自然科学版），2010，50（9）：1374－1377.

［7］ 刘东海，宋洪兰. 面向总承包商的水电 EPC 项目成本风险分析 ［J］. 管理工程学报，2012，26（4）：119－126.

［8］ 刘慧，杨乃定，张延禄，等. 考虑风险感知和项目关联的 R&D 网络风险传播模型 ［J］. 系统工程学报，2019，34（3）：301－311.

［9］ 罗承忠. 模糊集引论 ［M］. 北京：北京师范大学出版社，2007.

［10］ 汪小帆，李翔，陈关荣. 复杂网络理论及其应用 ［M］. 北京：清华大学出版社，2006.